我的食尚主义

每食·美刻

告诉你做好菜的秘密

马宁 著

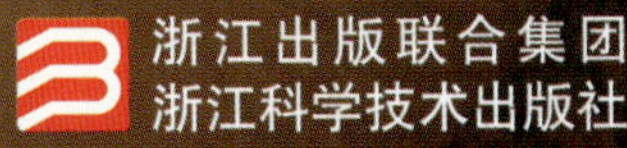
浙江出版联合集团
浙江科学技术出版社

作者的话

两年前我迷上了摄影，并在 19 楼“私房菜”开了一个“跟我学做菜”的帖子。“爱摄影更爱美食”就是我的网名。也许有朋友会问我摄影和做菜这两者有必然联系吗，我说有。我经常会把摄影中常用的造型、取景、色彩搭配，运用到做菜当中来，新题材的加入是菜肴品质提升的一个重要元素。

这次与浙江科学技术出版社合作，真是荣幸之至，所以我对这本书的制作也是相当努力。为了让书的图片更具观赏性、菜肴制作更具实际操作性，我特意把拍摄场地从单位搬回了家，并添置了大量锅碗瓢盆及摄影器材。这一切都是为了使这本书既美观又具有实用性，让每一个人看了书就会做菜。

两个多月的拍摄，再加上六个多月的编写、整理，其间的辛苦只有自己懂得。但辛苦之余再看看自己的作品，也算是一种精神安慰！为了这本书，家人也给了我很大的支持。老婆主动包揽了大部分的家务，女儿也经常吃我拍完照后的菜，等她们吃时，菜的味道因为时间久了就不那么好了。女儿老抱怨我的菜好看不好吃。于是我向女儿承诺：“等书出版后，你就可以看书点菜吃。”

由于这是我第一次尝试编写工作，所以在内容和文字上难免会有不足或遗漏之处，衷心希望广大读者能提些建议和意见。您的建议是我的动力！

马　宁

2011 年 3 月

目录

CONTENTS

第一篇　厨房必备知识

第二篇　大众名菜

第三篇 酒店宾馆菜

第四篇 创意小菜

第五篇 营养炖汤

第一篇 First

厨房必备知识

提升厨艺的六种手法

蔬菜颜色要鲜艳，可以试试焯水

烹制蔬菜类食材的时候，我们总是希望能保持蔬菜鲜艳的颜色和脆嫩的质地，这就需要用到“焯水”这一手法，而我们在家做菜时一般很少会用。

焯水可以使蔬菜颜色更鲜艳，质地更脆嫩，减轻涩、苦、辣味，还可以杀菌消毒。我们平时在烹制菠菜、芹菜、油菜等绿色蔬菜时，只要焯水后再略微地炒制入味，菜肴翠绿的颜色就会很好地得以保持。另外，一些有味道的蔬菜，如苦瓜、萝卜等焯水后苦味会减轻；动物性原料，如牛、羊、猪肉及其内脏，经过焯水，其中的血污及腥、膻等异味会得以去除。如果有这些方面的需要，不妨试试焯水。

常见的焯水的方法主要有两种：

▶ **开水锅焯水**：芹菜、菠菜、莴笋等绿色蔬菜或切小片的鱼片、肉片等焯水时，要将锅内的水加热至沸腾，然后再将原料下锅。焯水时要特别注意火候，一般是沸水下锅，水再开时捞出。这样既可以保持原料的鲜味，又能去除异味，保持最佳的颜色。焯水时可以在水中加入一定量的盐、油，可以增加原料的底味、保持原料的颜色。

▶ **冷水锅焯水**：整个的土豆、胡萝卜、还有膻味较重的牛羊肉等焯水时，要将原料与冷水同时下锅(水要没过原料)，然后烧开。经过这样处理的原料，更容易进行下一步加工。而且肉类食材与冷水一起下锅，肉的表面不会马上遇热而收缩，原料里外受热一致，可以更好地将肉中的血污给焯出来。

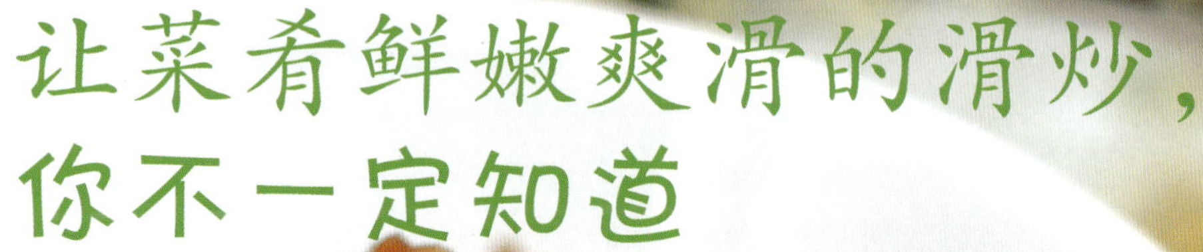

让菜肴鲜嫩爽滑的滑炒，你不一定知道

家里做菜对于烹饪方法一般没有特别的讲究，一般都叫炒菜，但往往会觉得炒出来的菜（如炒肉丝、炒鱼片、炒牛柳等）肉质很老，原因就是没有用对烹饪方法，其实这类小炒菜最好用滑炒来完成。

滑炒最基本的步骤有以下三步：

▶ **上浆**：将动物性原料切丝、切片或切丁等，经腌制再拌入生粉抓匀，捏至感觉有黏性。这样处理之后，浆粉与原料结合紧密，荤料（如鸡、鸭、鱼肉类）就不会与高温直接接触，水分和营养受到了有效的保护。

▶ **滑油**：经过上浆处理后的原料，入三四成热的油锅滑熟，再快速地捞出，此时原料表面会有一层薄薄的几乎透明的粉浆包裹，呈玉白色。怕浪费油的话，也可以将油锅换成水锅来操作，但要记住的是，如果用水来汆烫，腌制的盐和粉的用量要比滑油略多，因为粉浆在水锅中相对容易脱落。

▶ **勾芡**：这是在菜肴接近成熟、调味结束后，进行的最后一道工序。将调好的粉汁淋入锅内，并快速地翻炒均匀。借助淀粉遇热糊化的原理，勾芡可以使菜肴卤汁稠浓，增加卤汁对原料的附着力，从而使菜肴汤汁的粉性和浓度增加，改善菜肴的色泽和味道。

京酱肉丝

原料

◆ 猪里脊肉 300 克 ◆ 黄瓜 1 根 ◆ 大葱 ◆ 面饼或春卷皮

调料

① ● 甜面酱 ● 料酒少许 ● 味精少许 ● 白糖少许 ● 老抽少许 ● 水淀粉少许
② ● 盐 ● 老抽少许 ● 水淀粉 ● 鸡蛋清 1 个

1

2

3

4

做法

1 将猪里脊肉切成丝，放入碗内，加调料②抓匀，即为上浆。将大葱、黄瓜分别切丝，春卷皮撕开蒸软待用(图 1)。

2 炒锅上火，加油 500 克，烧热后将肉丝放入滑散，待肉熟透时捞出(图 2)。

3 炒锅上火放油，加入调料①(图 3)，待酱汁开始变黏时，将肉丝放入，不停地翻炒，使甜面酱均匀地粘在肉丝上(图 4)。

4 将肉丝装入盘中，随带大葱、黄瓜丝及春卷皮，可用面皮裹着肉丝一起食用。

小书签

书中的“青瓜薯片鸡丁”(第 108 页)、“甜豆鲜橙鸡丁”(第 60 页)都是采用了滑炒的烹饪方法。

水煮菜如何才会鲜嫩，原料、火力很讲究

水煮菜大家一定不会陌生，它属于川菜，口味以麻辣、鲜嫩为主。水煮是众多川菜制作方法中的一种技法，其简要的制作流程就是将郫县豆瓣酱等酱料放入锅中加水烧出香味，然后加入鲜汤熬制，再将腌制入味的原料逐片下锅烫熟，最后在原料上撒上干辣椒、花椒等，冲入滚油。制作水煮菜，很重要的一点是要保持原料鲜嫩、入味。

以下两点很关键：

▶ 原料一定要厚薄均匀，下锅前一定要经过腌制、干生粉上浆。厚薄不一的话，鱼片成熟的时间就不一样，薄片已熟厚片还是生的，等厚片熟的话薄片已经老了；在浆鱼片的时候干生粉的量要略多一些，因为鱼片下锅时有一部分的粉会溶入水中。

▶ 原料要逐片下锅，家庭烹饪一般火力不够旺，如此时将原料一股脑儿全下锅，很容易造成原料脱浆。应该在汤汁调好味后将原料逐片快速下锅，全部下完后关中火（别让水沸起），待原料变色（1 分钟左右）即可出锅，最后再冲滚油。

水煮鲜鲈鱼

示例

◆ 鲈鱼 1 条 ◆ 干红辣椒 ◆ 花椒 ◆ 姜 ◆ 蒜 ◆ 黄瓜 ◆ 大葱 ◆ 黄豆芽 ◆ 香菜

● 盐 ● 鸡精 ● 味精 ● 生抽 ● 郫县豆瓣酱 ● 麻辣火锅底料 ● 料酒 ● 干生粉

1 将鲈鱼去骨、切片。鱼肉洗净，加盐、味精、干生粉抓匀上浆。黄瓜、大葱切段，姜、蒜切片，黄豆芽去根，辣椒剪节（图 1）。

2 将黄瓜、大葱、黄豆芽焯水至熟，装碗待用（图 2）。

3 将鱼骨下锅与姜片、蒜片、郫县豆瓣酱煸香（图 3）。再加入约 700 毫升开水，下火锅底料、盐、生抽、料酒、鸡精同煮 4~5 分钟（图 4），最后连汤带骨倒入盛蔬菜的碗里（图 5）。

4 另烧一锅水，水开时将鱼片下锅煮熟捞出，放在鱼汤上（图 6）。

5 在鱼片上盖上干红辣椒、花椒，淋上热油，最后撒上香菜即可。

小书签

本书中“辣白菜水煮肉片”（第 44 页）、“水煮鳝片”（第 40 页）、“花蛤煮酸菜鱼”（第 48 页）都是运用了水煮的烹饪方法。

传统做水煮鱼一般用的是 1500 克左右的大草鱼，因为其肉多刺少。但大草鱼原料太大，不适合家里用。向大家推荐另外三种比较适合家里操作的鱼：黑鱼、鲈鱼、鳜鱼。这三款鱼，鲜度以鳜鱼最佳、最嫩，鲈鱼次之；如论鱼片的口感和爽滑度，则黑鱼最好，你可根据自己的爱好来灵活选择。

创意多多的镶嵌炸，其乐无穷

想要做出不一样口味的菜肴，马师傅在这里推荐大家一种烹饪手段——镶嵌炸。镶嵌炸就是把一种原料粘在另一种原料上，然后再用油炸的烹饪方法。成品外皮酥脆可口，而且根据原料的不同会有多种口味。当年肯德基推出的“黄金蝴蝶虾”，就是运用了这种炸法。

记住以下几点很重要：

▶ 粘面包糠的时候一定要先将原料粘上干淀粉，再裹一层鸡蛋液，最后再将面包糠均匀地粘在原料上，这三步千万别弄反了，否则面包糠会粘不上去。

▶ 炸的时候油温也是很关键的，一般在油温五成左右热时将原料下锅，关小火养炸 1~2 分钟，再开大火将油温升高炸半分钟左右即可捞出。一定要坚持油温两头高中间低的原则，油温过低会导致成品吸油而很腻口，过高的话则会外焦里生。

▶ 除了面包糠之外，像芝麻、杏仁、瓜子仁都可以作为镶嵌炸的原料来使用。大家可以根据口味，结合自己的创意，创造出各种各样自己的菜型。

脆皮黄金虾

原料

◆ 明虾 ◆ 鸡蛋 ◆ 小葱 ◆ 面包糠

调料

● 干生粉 ● 盐 ● 味精 ● 胡椒粉 ● 料酒

做法

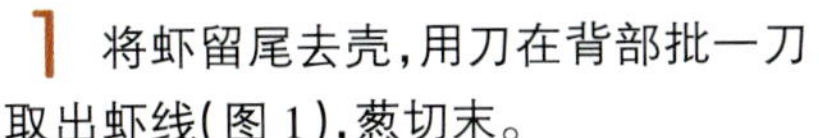

1 将虾留尾去壳，用刀在背部批一刀，取出虾线（图 1），葱切末。

2 将批好的虾肉用盐、味精、胡椒粉、小葱末腌 10 分钟左右（图 2）。

3 把鸡蛋打散，在虾片两边拍少许干生粉（图 3），入蛋液里拖一下（图 4），最后蘸上面包糠（图 5）。

4 起油锅，待油温四成（120℃左右）热时把虾放入锅中炸 1~1.5 分钟，捞出滤净油即可（图 6）。

小书签

本书中所介绍的"蓝莓芝麻棒棒鸡"（第 92 页）也是运用了此烹饪方法。

变化多端的糖醋汁，调出不一样的糖醋味

做一道糖醋菜不难，但要做好确实不容易，不同的糖醋菜，糖醋的比例大有讲究。

▶ 拿杭州比较有名的糖醋排骨和西湖醋鱼为例吧。糖醋排骨糖的比例要重过醋，菜品要先突出甜味再体现酸味，最后才是咸鲜味；而西湖醋鱼却恰恰相反，它是先突出醋味，其次才是甜味和鲜味。

▶ 而像粤菜中的咕噜肉和淮扬菜中的松鼠桂鱼也同样是糖醋味的菜，但在色泽和口味上跟杭帮菜的糖醋菜有明显的区别。这主要是因为杭帮菜中的糖醋汁一般是用白糖、米醋、酱油、老抽、水淀粉来调制的；而咕噜肉和松鼠桂鱼的糖醋汁一般是用番茄沙司、白醋（也可用柠檬汁或橙汁替代）、白糖、水淀粉来调制的。两种调法一种比较传统，一种比较现代，后者颜色比较鲜艳，比较能引起食欲。

西湖醋鱼

示例

原料

◆ 桂鱼 500 克 ◆ 生姜 ◆ 葱

调料

● 盐 ● 料酒 ● 白糖 ● 米醋 ● 酱油 ● 老抽 ● 胡椒粉 ● 水淀粉

做法

1 将桂鱼对批后，在带脊骨的一片上批几刀，生姜切末。

2 烧开一锅水（约 1500 毫升），将批好的鱼肉放入锅中，加料酒、姜片、葱结和少许盐。

3 关火浸养 4~5 分钟后再次将水烧开，捞出鱼装盘，在鱼身上淋少许的酱油、胡椒粉。

4 锅内留少许的原汤，下姜末、酱油、白糖、米醋、老抽，最后用水淀粉勾芡，把调好的糖醋汁浇淋在鱼身上即可。

小书签

本书第 26 页的"杂果咕噜肉"则运用了番茄沙司、白醋来调糖醋汁。

厨房小知识

西湖醋鱼最经典的地方是鱼肉有股淡淡的蟹味，这是因为在烹制过程中添加了少量的生姜末。姜和醋加上鲜嫩的鱼肉，使西湖醋鱼透着淡淡的蟹味，让食客在不知不觉中忘记了到底是蟹还是鱼。

红烧的N种技法，加糖是关键

红烧是家里最常见的一种烹饪方法，如红烧肉、红烧鱼等。一般这一类的菜，酒店、宾馆里做的还不如家里做的好吃，因为红烧菜讲究的是小火慢烧，而酒店的火太大，不适合做红烧菜。记住在红烧菜的制作中，加糖很关键。

烧肉的方法虽有不同，但都要记住：

▶ 不同的红烧菜有不同的烧法，以我们常见的红烧肉为例：第一种就是东坡肉的烧法：将整块的肉焯水切小块，加酱油、白糖、料酒小火慢慢炖至酥烂。这种方法烧出来的肉最大的特点是颜色红亮、口感酥烂，特别适合老年人和小孩食用。第二种做法就是将肉切块，不需焯水，直接下锅煸炒至出香味，再烹入料酒、酱油、白糖等小火焖烧，这种方法烧出来的肉香而不腻、略有咬劲，特别适合牙口好的人食用。

▶ 两种烧肉的方法虽有不同，但是都要记住一点，所用的糖要分两次加入，第一次加 1/3，待肉将要烧好时再加入余下的糖，这样烧好的肉色泽红亮，不会焦锅。我们平时做红烧鱼也可以用这种加糖的方法。

迷你东坡肉

示例

◆ 上好五花肉（条肉）500 克 ◆ 老姜 1 块 ◆ 葱 ◆ 小菜心

● 冰糖 30 克左右 ● 酱油 50 毫升 ● 生抽少许 ● 老抽少许 ● 陈年黄酒(花雕酒为好)

1 将五花肉入锅煮 20 分钟左右后捞出（图 1），切成 2~3 厘米见方的小块，生姜切片。

2 取沙锅一只，放上生姜和一部分葱垫底（图 2），再放上肉，加入约 150 毫升水（加到基本与肉齐平即可）以及酱油、生抽、老抽、黄酒、1/3 的冰糖（图 3）。

3 加盖后烧开，撇去浮沫，再加盖改小火将肉炖至酥烂（大约 1.5 小时），再加入 2/3 的冰糖，大火将汤汁收浓。最后将剩下的葱放在肉上，淋入少许的黄酒焖 10 分钟即可（图 4）。

4 将菜心入水锅煮熟，配在东坡肉的边上一起食用。

小书签

如本书第 24 页的“虎皮蛋焖子排”用的就是红烧的烹饪方法。

常用的厨房调料要了解

蚝油

蚝油不是一般烧菜用的油，而是在加工蚝豉时，煮蚝豉剩下的汤经过滤、浓缩后形成的油。它是一种营养丰富、味道鲜美的调味作料。一般适用于做红烧菜及海鲜。

生抽

生抽颜色比较淡，呈红褐色，吃起来味道较咸，一般适用于炒菜或者制作凉拌菜。

老抽

老抽颜色很深，呈棕褐色，有光泽，吃到嘴里后有种鲜美微甜的感觉，一般用来给食品着色。做红烧菜等需要上色的菜时使用老抽比较好。

美极鲜味汁

美极鲜味汁是一种复合鲜味酱油，鲜味比普通酱油要强，主要用于制作凉拌菜和腌制原料。与普通酱油不同，制作美极鲜味汁的原料主要是小麦而不是黄豆。

蒸鱼豉油

蒸鱼豉油也是一种复合调制酱油，相比传统酱油味道更鲜美，咸味和酱油味也不是太重。蒸鱼豉油不仅适用于蒸制鱼类及其他海鲜，也可用于制作凉拌菜和蘸食。

厨房小知识

鱼蒸熟后再加入豉油效果会更好。

味精

味精是谷氨酸的一种钠盐，是一种以小麦、大豆等含蛋白质较多的原料经水解法制得的或以淀粉为原料经发酵法加工而成的粉末状或结晶状的调味品。只要你使用得当，不用太在意吃味精不营养的说法。

厨房小知识

1. 加醋的菜中不可加味精。
2. 味精不可长时间加热。
3. 婴幼儿应不食或少食味精。

鸡精

鸡精仅是味精的一种，是一种复合鲜味剂，主要成分也是由谷氨酸钠发展而来，鲜度是谷氨酸钠的 2 倍以上。是日常使用的调味品。

鸡粉

鸡粉的氮含量较低，很少含有人工合成的味精，天然鸡肉成分较鸡精要高。而且鸡粉比较细，香气较重，做菜时比较容易入味，做凉拌菜时也不用担心化不开。

鸡汁

鸡汁是一种浓缩型的鸡肉提取物，看上去有点类似那种浓缩的橙汁。相比鸡精、鸡粉，鸡汁的鲜味更纯、更鲜，非常适合用来做汤和炒蔬菜，如做三鲜汤、炒西芹等。

沙茶酱

沙茶酱原是印度尼西亚的一种风味调味料，由花生仁、白芝麻、鱼、虾米、椰丝、大蒜、葱、芥末、辣椒、黄姜、香草、丁香、陈皮、胡椒粉等制成，一般常用于烤肉串等。

咖喱粉

咖喱粉是由多种香料调配而成的酱料，常见于印度菜和泰国菜，一般随肉类和饭一起吃，如咖喱炒饭、咖喱鸡块、咖喱牛肉等。

生粉（淀粉）

生粉是港式食谱中常出现的名词，多用来勾芡。在香港使用的生粉为玉米淀粉，而在台湾惯用的生粉则为太白粉。生粉在中式烹调上除了使食物产生滑润的口感之外，亦常用来作为软化肉质的腌肉料。一般可分绿豆淀粉、马铃薯淀粉、小麦淀粉、甘薯淀粉、玉米淀粉等。

郫县豆瓣酱

郫县豆瓣酱的产地是四川郫县。郫县的胡豆品质优良，以它作为主要原料加工制成的豆瓣酱，油润红亮，瓣子酥脆，有较重的辣味，香甜可口，是制作回锅肉、麻辣鱼、麻辣豆腐不可缺少的调料。

麻油

麻油是用芝麻榨的油，一般多用来给凉拌菜增香。其实做热菜时，特别是做红烧菜（如三杯鸡、油焖春笋）时，适当加点麻油不但能增香，还可以增加菜肴的色泽度，使菜看起来特别油亮。

厨房小知识

做热菜时麻油要最后放，否则香气会过早挥发。

芥末

芥末，又叫山葵、哇沙比，味道芳香而辛辣，对口舌有强烈刺激，十分独特。芥末粉润湿后有香气喷出，具有催泪性的强烈的刺激性辣味，对味觉、嗅觉均有刺激作用，是吃生鱼片时的必备调味料，有杀菌提鲜的效果。

番茄沙司

番茄沙司是一种复合调味料，我们常见的咕噜肉、松鼠桂鱼都是用番茄沙司来调味的。西餐里常见的罗宋汤也可以加少许的番茄沙司，可以使汤汁浓稠。

泰式甜鸡酱

甜鸡酱是一种复合的调味酱，其功能和作用类似我们熟悉的番茄沙司，主要是由红辣椒、糖、醋、蒜等调制而成，通常在炸、烤食物时作为蘸酱使用。一般大型超市都有售，家庭建议购买小瓶装的。

黄油

黄油是用牛奶加工出来的，将新鲜牛奶加以搅拌之后，其上层浓稠状物体滤去部分水分之后的产物即是黄油。除了用于制作糕点外，黄油还可以用来涂抹面包、煎牛排和制作高档海鲜等。黄油营养价值高，但含脂量也高，所以肥胖者要少食；糖尿病、高血脂患者最好不要食用黄油。

白胡椒粉

白胡椒是将成熟的胡椒剥皮后干制而成的，味道比黑胡椒柔和，是水煮、红烧菜肴的理想调味料。烹制鱼汤或红烧鱼时加点白胡椒粉，可以增鲜去腥。

黑胡椒粉

黑胡椒味道比白胡椒浓郁，一般常用于烹制热菜（如我们常见的黑椒牛排），有香中带辣、美味醒胃的效果。一般制作黑椒菜式时，要先将黑胡椒研末。

用黑胡椒粉烹制菜肴时应注意：

❶ 与肉食同煮的时间不宜太长，煮或煎太久会使香味挥发掉。

❷ 尽量保持菜肴的热度，温度可使香辣味更加浓郁。

鱼露

鱼露是闽菜和东南亚料理中常用的调味料之一，是用小鱼、虾为原料，经腌渍、发酵、熬炼后得到的一种味道极为鲜美的汁液，色泽呈琥珀色，味道带有咸味和鲜味。在烧鱼时加点鱼露可以提鲜。由于鱼露的味道很咸，因此在制作菜肴时一定要控制好用量。

大茴香

大茴香又称八角、八角大茴，呈红棕色或黄棕色，气味芳香，味微辛略带甜味，也可入药。我们平时经常说的大料就是它，是烧红烧肉、制作卤制食品时的必用之品。

这些常用的香料你知道吗

小茴香

小茴香又叫茴香、香丝菜、怀香、野茴香，常用于制作茴香豆、茴香馅饺子等。其成熟果实犹如稻谷粒或孜然，有特异芳香气，也可用于红烧、制作卤水、做麻辣火锅、调肉馅等。

桂皮

桂皮又叫天兰桂，广东民间叫“阴香”，广东、福建、浙江、四川等省均产。制作卤制食品(如卤鸭、卤牛肉等)时可与茴香一起使用。

白豆蔻

白豆蔻又叫做白蔻、百叩、叩仁，气味芳香，味辛凉略似樟脑。炖牛、羊肉时使用白豆蔻，可去膻、增香。

草果

草果又称草豆蔻，云南独有，长椭圆形，紫褐色，不开裂。草果是餐厅、家庭烹调必备的调味香料，味道醇香异常。中医认为草果有健胃、消食、顺气、祛寒的功效，特别适用于制作卤味、野味，还适用于做炖肉及红烧牛肉、羊肉等。

花椒

花椒又称蜀椒、红花椒、大红袍。我们平时吃川菜，那种麻味就是来源于它。四川气候潮湿，而食用花椒可以去这种湿气，所以说花椒具有一定的药用价值。

黑胡椒

黑胡椒原产于南印度，其果实在熟透时会呈黑红色。黑胡椒的果实在晒干后通常可作为香料和调味料使用，用其磨成的粉是制作黑椒汁的必用原料，用于制作黑椒牛排、黑椒煮蟹等。

白胡椒

白胡椒的药用价值稍高一些，调味作用稍次，它的味道相对黑胡椒来说更为辛辣，因此散寒、健胃功能更强。在炖汤时略放几颗整粒的白胡椒，可增香、去异味。我们平时常见的“胡椒粉”就是用白胡椒磨成的粉。

香叶

香叶适合在烹制肉类或者在调制肉类的卤水时使用，同时也是西餐常用芳香调味料之一。我们平时制作酱鸭或酱肉时，它是一种很好的香料。但因它的味道很重，所以不能加太多，否则会盖住食物的原味。

第二篇 Second

大众名菜

宫保鸡丁

原料

◆ 鸡脯肉1块或鸡腿1只 ◆ 生姜15克 ◆ 蒜头15克 ◆ 炸熟花生米30克 ◆ 干红辣椒6只 ◆ 芹菜 ◆ 花椒少许

调料

● 酱油 ● 盐 ● 味精 ● 郫县豆瓣酱 ● 老抽 ● 料酒 ● 米醋 ● 白糖少许 ● 生粉

酱香浓郁的秘诀就是“郫县豆瓣酱”
花生米加上脆性蔬菜，绝对提升口感

“要做好这道菜，调味料的选择很重要，我加的是有‘川菜灵魂’美誉的郫县豆瓣酱，选对了豆瓣酱，整个菜的色、香、味就有了基本的保证。

另外要把握的一点是口感要松脆，把花生米炒脆是关键。为了增加脆脆的口感，我在这道菜里还添加了芹菜。如果你不喜欢芹菜的味道，也可用黄瓜等脆性蔬菜来代替。”

为什么宫爆鸡丁又叫宫保鸡丁？相传，清朝有位官员名叫丁宝桢，对烹调十分讲究。每逢有家宴，必上自己做的肉嫩味美的花生炒鸡丁款待客人，很受客人们的欢迎和赞赏。不久，这道菜便进入了皇宫，成为宫廷菜系中的一道佳肴。由于“首创者”丁宝桢的官衔是“宫保”，所以这道菜被称为“宫保鸡丁”。后经厨师们的不断改进创新，这道菜便成了享誉全国的名菜。

你问我答 提升厨艺

◎ 炸花生米的火候该怎么控制?

花生米冷油下锅,要用中火炸,炸至有"噼里啪啦"的响声就差不多了。可尝一颗,如果微香、不是很脆就可以捞出了。炸好的花生米在捞出之后还会有很高的余温,如果炸得刚好捞出就会煳掉。

◎ 我按师傅的方法炒鸡丁,总觉得鸡块不够入味,这怎么解决?

鸡丁一定要事先腌制,这样原料里面才会有味道,而且可以减少烹制的时间。

◎ 我不喜欢吃鸡,可否用其他原料代替?

可以。此菜除了用鸡肉还可以用猪肉、虾仁、鱼肉烹制。鱼肉易碎,上浆的时候粉要多一点,炒时动作要轻点。

1 将鸡肉去筋,剞十字花刀,切成1厘米见方的丁(不宜太大),装入碗中加酱油、盐、料酒腌制一下,用生粉拌匀待用。

2 生姜、大蒜切片,芹菜、干红辣椒切段,炸花生米去衣待用(图1)。

3 将老抽、白糖、醋、味精、水淀粉调成芡汁(不宜太浓)。

4 将油烧至五成热,再放入鸡丁、姜片、蒜片炒散捞出(时间不宜太长,因为要保持肉质的嫩滑,图2)。

5 原锅留少许油,然后下干红辣椒、花椒、郫县豆瓣酱少许(图3),等炒香后放入鸡丁、芹菜,烹入芡汁,快速翻炒,最后放花生米,起锅装盘即可(图4)。

1

2

3

4

孜然牛肉丝

掌握火候是成败的关键
孜然粉的加入是锦上添花

“干煸牛肉丝是一道四川名菜，创于自贡市，历经数百年，传遍四川。夏天用此菜来配啤酒，那叫爽啊。

制作干煸牛肉丝，掌握好火候是成败的关键，牛肉丝一定要煸至水分收干、牛肉略微发黑，否则牛肉丝会软绵不酥香。我这里做的牛肉丝添加了孜然粉，试试看，会有一种全新的味觉享受哦。”

原料

◆ 牛里脊肉 250 克左右 ◆ 芹菜
◆ 干红辣椒

调料

● 盐 ● 味精 ● 孜然粉

做法

1 牛肉切粗丝，芹菜切段，干红辣椒剪细丝、去籽(图 1)。

2 将牛肉丝加盐稍稍腌制 10 分钟。

3 起油锅，将腌好的牛肉丝逐步下锅炸至褐色，捞出(图 2)。

4 原锅留油少许，下干红辣椒、芹菜煸炒至香(图 3)，再下牛肉丝、孜然粉、味精炒匀即可(图 4)。

你问我答 提升厨艺

◎ 牛肉丝难切，可不可以切片？

可以的，但片不可以切得太厚，关键是厚薄一定要均匀。

◎ 家里不方便起这么大的油锅，还有其他方法吗？

因为家里的火小，很难将牛肉炒干，多放点油可以快速地把水分逼出。多下来的油可以留作他用，比如烧红烧菜、拌面等。

虎皮蛋焖子排

走油红烧，肉香不腻口
糖分两次入，防焦还增色

“其实这道菜就是食堂里常见的卤蛋烧肉，这里只是将原料做了点小小的改变，鸡蛋换成了营养更好的鹌鹑蛋，五花肉改成了不油腻的子排，这样的小改变使得此菜更健康、更营养。

要做好此菜，首先子排要用酱油腌过后再炸（也可煸炒），这样可以使菜肴更入味，而且油炸后成菜更易上色，同时也可以炸出多余的油分，使排骨吃起来不腻口。

其次要掌握好放糖的时间。一般选择先放 1/3、最后再放 2/3 的方法。第一次加糖起到增鲜去腥的效果，第二次加糖起增色防焦的效果。糖放得太早菜吃起来没有层次感，会里外都带甜味，吃多了会腻口。而且糖放早了锅子容易焦边，做出的菜会有一股煳味。”

原料

- ◆ 子排 300 克
- ◆ 鹌鹑蛋 10 只
- ◆ 小葱少许

调料

- ● 蚝油
- ● 老抽
- ● 红烧酱油
- ● 料酒
- ● 味精少许
- ● 白糖少许

做法

1 将子排切成边长 1.5 厘米左右的方块，用酱油腌一下待用(图 1)。

2 将鹌鹑蛋冷水下锅，煮 10 分钟左右，冷水过凉去壳，再用酱油抹一下(图 2)。

3 起油锅，待油温升至六成左右热(约 180℃)时，分别把子排和鹌鹑蛋入锅炸一下(图 3、图 4)。

4 锅内加水 200 毫升，放入子排和酱油、料酒、蚝油、1/3 白糖，中火加盖烧 10 分钟左右(图 5)。

5 放入炸好的鹌鹑蛋，烧 5 分钟左右后放入老抽和余下的 2/3 白糖、味精，撒少许葱花把汤汁收浓即可出锅(图 6)。

你问我答 提升厨艺

◎ 马师傅做出来的菜色泽红亮，如何在家也能做成这样呢?

想把这道菜做得红亮，首先子排要用酱油腌过再炒，起到上色、入味的作用。糖要分两次加入，第一次主要起到提鲜的作用，第二次主要起到上色、黏稠汤汁的作用。如用冰糖来做此菜，成菜的光泽度会更好。

◎ 我以前做过这道菜，为什么蛋老是白白的，而且还不是很入味?

不知你以前用的是鸡蛋还是我这里介绍的鹌鹑蛋。鸡蛋最大的缺点就是不易入味。至于颜色白白的，不好看，可以在做之前将鹌鹑蛋用酱油腌一下再入油锅炸，这样既可上色又可提前使蛋入味。

1

2

3

4

5

6

杂果咕噜肉

挂糊炸让表皮更松脆
鲜橙汁让口味更独特

原料

◆ 火龙果 ◆ 黄瓜 ◆ 鲜橙 ◆ 里脊肉 ◆ 面粉 ◆ 生粉

调料

① ● 盐 ● 味精 ● 料酒

② ● 番茄沙司 ● 白醋 ● 白糖 ● 少许橙汁（鲜榨橙汁为佳） ● 水淀粉

“其实这道菜的传统做法是在腌肉片时加一个蛋黄，然后将每片肉均匀地拍上一层干淀粉，最后入油锅炸。这种做法虽然较简单，比较适合厨房新手，但菜炸好后表皮回软快。

所以我教大家将肉腌制后挂面糊来炸，这样相比传统的做法，成菜外皮会更脆些。最后用鲜榨橙汁加少许的番茄沙司和白醋来调味，这样的调制方法很方便，适合在家庭条件下操作，而且营养度也大大加分了哦。”

大家知不知道它为什么叫咕噜肉?

说法有二，一种说法认为由于这道菜以甜酸汁烹调，上菜时香气四溢，令人禁不住咕噜咕噜地吞口水，因而得名。还有一种说法是指这道菜历史悠久，故称为古老肉，由于字音相近就转化为现在我们所知道的咕噜肉了。

你问我答 提升厨艺

◎ 在家做这个菜，我不会和面糊怎么办？

其实这道菜还有另外一种做法，就是在腌肉片时加一个蛋黄，再将每片肉均匀地拍上一层干淀粉，然后入油锅炸。这种做法较简单，比较适合厨房新手。

◎ 我挂面糊的时候挂不均匀，面糊调成什么样才能均匀挂糊呢？

面糊的厚薄也是影响这道菜口感的重要因素。挂不均匀主要是面糊太厚的缘故，一般我们调面糊的标准是将调好的面糊用筷子捞一下，面糊能均匀地包住筷子，再慢慢往下流即可。如面糊流得过快则说明糊太薄了，需加点干粉，不然炸时原料就会往外掉。

◎ 做咕噜肉用什么水果比较好？

现在水果品种丰富，一般可以选你喜欢的水果。但需掌握 3 个原则：味道太过浓烈的不要，水分太多的不要，水果的颜色应尽量配得好看些。这样这道菜不仅色泽诱人，而且营养也丰富。

◎ 超级喜欢这道菜，不过我做出来的成品，感觉外皮不脆，软塌塌的。

若要想此菜外皮脆点，可在面糊里加少许的"泡打粉"，这样外皮就会脆了，但还是要趁热食用。

做法

1 将里脊肉切小厚片，加调料①腌 3 分钟。

2 火龙果、黄瓜切片，鲜橙去皮，橙肉切丁，将腌好的肉加少许面粉、生粉、水和匀（图 1）。

3 起油锅，将挂好面糊的肉下锅炸至松脆，捞出控油（图 2）。

4 原锅加水 30 毫升左右，和调料②调成糖醋汁。

5 最后将里脊肉、各种水果一起下锅拌匀即可（图 3）。

1

2

3

你问我答 提升厨艺

◎ 这道菜我非常喜欢吃，请问选豆腐有什么讲究吗？

传统的老豆腐制作时易成型，但口感粗糙；嫩豆腐水分太多，制作时易碎不能成型。所以我介绍给大家的是纯手工制作的“石磨豆腐”，它口感细腻，而且制作起来会方便一些。

◎ 这道客家酿豆腐你还是做了点创新？看上去造型很别致。

传统的客家酿豆腐以肉末作为馅料，这里用虾蓉代替了肉末，这样豆腐就会充分吸收虾蓉的鲜味。再经过一点小小的造型改变，将虾仁、甜豆点缀其中，不但提高了视觉效果，还兼顾了营养和口味。

客家酿豆腐

豆腐馅料不分离，才叫客家酿豆腐

须大火下锅、中火煎黄、小火焖烧

“这道菜其实很多人都吃过，但好多朋友在家做时会把这道菜烧成肉末烧豆腐，做出来的酿豆腐肉末会从豆腐中掉出来。那要怎样才会使豆腐与肉末完美地结合呢？很简单，在酿豆腐前往豆腐孔里撒少许干淀粉，这样就可以将肉末完全地粘住了。

还要掌握的是煎豆腐的火候，一定要在大火高油温时将豆腐下锅，这样可以让豆腐表面的水分迅速蒸发，使表皮快速凝结。然后再转中火慢慢煎黄，最后小火焖烧至入味。一道完美的客家酿豆腐就可以上桌啦。”

厨房小知识

客家菜亦称东江菜，它与潮菜、粤菜并称广东三大菜。客家人原籍河南地区，在东晋战乱时南迁，成为具有“特殊身份”的一群居民。在后来的几次迁徙行动中，客家人逐渐形成了今天具有独特风貌的客家民系。客家风味菜肴的形成跟客家民系的形成是分不开的，跟客家话保留着中州古韵一样，客家菜同样也保留着中州传统的生活习俗特色。

原料

◆ 石磨老豆腐 400 克 ◆ 甜豆 ◆ 虾蓉 100 克 ◆ 虾 6 只

● 蚝油 ● 生抽 ● 鱼露少许 ● 鸡粉少许 ● 水淀粉少许
● 干淀粉少许

1 将虾蓉用盐、鸡粉调味，顺一个方向搅拌上劲。虾留尾去壳，加盐、生粉上浆（图 1）。

2 将豆腐切块，用小勺把中间部分挖掉，撒少许干淀粉，酿入虾蓉（图 2）。

3 起油锅，下豆腐两面煎黄（图 3、图 4），再加 150 毫升水和少许蚝油、生抽、鱼露、水淀粉、鸡粉，小火焖烧 3 分钟后勾一个薄芡。

4 将甜豆、虾仁焯水后作点缀用（图 5）。

原料

◆ 鸡中翅 6~8 只 ◆ 板栗 10~15 颗 ◆ 生姜 ◆ 小葱 ◆ 干桂花

调料

● 酱油 ● 蚝油 ● 料酒 ● 白糖 ● 老抽少许 ● 味精少许

桂花栗子炒鸡块

鸡的选择决定菜的口感
桂花的加入使栗肉独具清香

“这道菜本来叫栗子炒仔鸡，传统的做法是将仔鸡去骨、切块炒制，很多人做出来往往是鸡肉很老，栗子碎掉，其原因还是出在原料的选择上。做这道菜最好选择放养 7~8 个月的新鸡。家庭制作我推荐用鸡翅，这样取料更方便，鸡肉更爽滑。

传统的炒仔鸡是用麻油来提香的，但我觉得用桂花会使整道菜独具清香，与鸡肉的香味浑然天成。菜还没上桌，这种香气可能就已经勾起家人的食欲了。”

你问我答 提升厨艺

◎ 家里板栗总是很难去壳、去皮，有没有好的方法？

将板栗用刀切一小口，再用开水煮1分钟左右，趁热去壳。其实还有更方便的做法，就是用外面买的糖炒栗子来做此菜，壳更容易剥，栗子也不会碎，而且口感也更香、更糯。

◎ 我做出来的鸡肉老老的，没有爽滑的感觉，马师傅有没有什么解决的方法？

如选整鸡来烹制的话，最好是选当年的新鸡（放养7~8个月为佳），这样的鸡吃起来肉不会老，比较适合炒着吃。如本身就是较老的鸡，最好将鸡去骨后再切，切好的鸡块用少许生粉、酱油上浆后再炒，这样也可以弥补鸡肉老的缺点。用鸡翅来做这道菜基本上不会出现鸡肉老的情况，因为鸡翅的肉本身就比较滑嫩。

◎ 栗子有什么好的保存方法吗？

栗子的确是很难保存的，稍不注意就会发黑变质。常用的简单有效的方法是将栗子用保鲜袋按一次用量包好，放入冰箱冷冻仓，用时取一包用冷水解冻即可。

1 将板栗煮熟后去壳去皮待用，将生姜切片，葱切段，鸡翅斩小块（图1）。

2 将鸡翅用酱油腌3分钟（图2）。

3 将干桂花泡水待用（图3）。

4 起油锅，待油五成热时，将鸡块过油至熟，也可直接煸炒（图4）。

5 将姜片煸炒一下，加水100毫升，放入鸡块、板栗及酱油、蚝油、料酒、白糖、老抽、味精小火焖烧5分钟左右（图5）。

6 起锅时加入葱段、泡好的桂花水及味精（图6）。

1

2

3

4

5

6

你问我答 提升厨艺

◎ 这道菜很好吃、很下饭，但我最讨厌吃到里面的花椒，请问有什么办法解决吗？

可以用花椒油代替花椒，这样既可以吃到花椒的麻味，又免去了吃到花椒的烦恼。

◎ 我烧新疆大盘鸡的时候鸡肉颜色发白、暗淡，而且有点糊糊的感觉，不似师傅做出来的那么诱人，请问有什么好的解决方法？

在烧之前将鸡肉用酱油、料酒腌制一会儿，不仅可以帮鸡肉入味，而且还可以让做出来的鸡肉颜色更红亮。火太大或土豆下锅时间太久会造成整道菜有糊糊的感觉，所以要鸡先炒、土豆后放，并且要选择中小火。

◎ 马师傅，我看到有的大盘鸡里放番茄，请问番茄应该什么时候放？

做大盘鸡的确是有这个版本的，也有加面条的。一般建议在出锅前 5 分钟左右加，过早加入的话，番茄会变成糊状，过迟则会让菜的番茄味不浓郁。

新疆大盘鸡

一年左右的鸡最合适
千万避免烧成红烧鸡

“制作大盘鸡时选鸡非常重要，我推荐 1 年左右的放养农家鸡，这种鸡肉质最好，老嫩适中。鸡块在炒之前要用生抽腌制一下，炒制时一定要将鸡块炒香后才可以加水，大火烧开、小火焖煮，这样做出来的大盘鸡才会非常入味。

大盘鸡的特点是麻、辣、鲜、香，在香料的使用上非常丰富，如果不注意原料的运用，而只用一般的葱、姜、蒜，就容易变成红烧鸡块。一般大盘鸡是用生抽来调味的，千万不可用其他的酱油，免得将大盘鸡烧成了红烧鸡。”

原料

◆ 小本鸡 1 只 ◆ 土豆 ◆ 姜 ◆ 蒜 ◆ 干辣椒 1 把 ◆ 草果 1 个 ◆ 茴香 1 颗 ◆ 白豆蔻几颗 ◆ 桂皮一小片

调料

● 生抽 ● 料酒 ● 盐 ● 味精 ● 花椒油 ● 辣椒酱（最好是干辣椒面熬的那种）

做法

1 鸡切块，加生抽腌制 15 分钟。土豆去皮切块，姜切片（图 1）。

2 起油锅，将大蒜头炸至金黄色。

3 原锅留略多的油，下鸡块、生姜、干辣椒煸炒至香，再加约 200 毫升水烧 5 分钟（图 2）。

4 加入土豆、茴香、桂皮、草果、白豆蔻、料酒、辣椒酱、生抽、盐，中小火加盖焖烧 10 分钟左右（图 3）。

5 最后加点味精、花椒油即可出锅（图 4）。

1

2

3

4

家常豆腐

豆腐用油煎，外皮更香里更嫩
若要味纯正，调料要正宗

“家常豆腐是一道家喻户晓的家常菜。杭州有种做法是将嫩豆腐切块，拍上干淀粉，入油锅炸，再与配料一起烧。这样的方法需旺火加大油锅才能完成，做出来的豆腐很好吃，但在家却很难操作。我用的是手工石磨豆腐，这种豆腐易切、易煎、不易碎，烹制时应先将豆腐两面煎黄，再加水和配料烧入味。相比油炸的豆腐，这种豆腐外皮更香、里面更嫩，吃起来有不一样的味道。

做好家常豆腐最不可缺少的调味料是郫县豆瓣酱，整道菜的色、香、味主要来源于它，如加普通豆瓣酱，这道菜就会失去它应有的味道，做出来的豆腐只能叫‘酱烧豆腐’。”

◆ 石磨豆腐 ◆ 青大蒜 ◆ 水发黑木耳
◆ 肉末

● 郫县豆瓣酱 ● 酱油 ● 鸡精 ● 味精
● 白糖

做法

1 将豆腐切厚片，青蒜切末，水发黑木耳撕小朵(图 1)。

2 起油锅，将豆腐两面煎黄(图 2)。

3 煎锅留少许油，下肉末煸炒至香，再加入郫县豆瓣酱同炒(图 3)。

4 加水 150 毫升左右，放入煎好的豆腐、黑木耳、酱油、鸡精。加盖焖 4~5 分钟后加入青蒜，再焖 1 分钟(图 4)。

5 最后加少许白糖和味精调味，出锅。

你问我答 提升厨艺

◎ **我每次煎豆腐，要么碎掉，要么煎不黄，在家如何才能把豆腐煎好呢?**

煎豆腐前要先把锅子烤热，再把整个锅子用油过一下；煎豆腐时火要旺一点，油温也要高一点，这样豆腐下锅后表面会马上凝结；最后改中火煎，才能将豆腐慢慢煎黄。另外，豆腐别选太嫩的，水分太多的豆腐不易煎。豆腐要整块洗好后再切，千万不可切好再洗，否则表面水太多也会很难煎，而且水遇到热油特别容易飞溅。

◎ **我们以前常吃到的家常豆腐都是用肉片做的你这里为什么要用肉末而不用肉片呢?**

传统的家常豆腐里做配料的肉是切片的，而我做这道菜时将肉改切成肉末，因为这样豆腐更易吸收肉的鲜味。

龙井茶炒虾仁

若要虾仁滑嫩饱满，上浆是关键

鲜虾仁取代冰冻虾仁，更Q更营养

“如何才能做出饭店里那种胖乎乎、很饱满的虾仁呢？秘诀在于上浆。浆虾仁时盐和生粉要略微多放点，盐少了虾仁涨不开，生粉少了也起不到保留水分的作用。

我做这道菜时，用的是活虾的虾仁。现在很多的虾仁里添加了化学物质，看起来很漂亮，但吃起来却根本没了虾仁该有的鲜味，更别说营养了。我喜欢选用基围虾，因为基围虾相比河虾出肉率高，而且虾仁的口感更Q、更有弹性。”

你问我答 提升厨艺

◎ 虾仁很难剥啊！有没有什么窍门？

剥虾仁有个小窍门，就是将活虾放入冰箱冷冻 2 小时后再解冻剥壳。这样虾与虾壳会分离，变得很好剥。

◎ 我炒出来的龙井虾仁，有很多汤水，看上去糊糊的，卖相不好看。

成品有很多汤水可能是因为茶水放得太多，还有可能是因为火不够旺或者炒制时间太长导致虾仁吐水。

◎ 我有次心血来潮学饭店将虾仁先过了一下油，结果做出来的炒虾仁很油腻。

虾仁过完油后，可以快速地用开水冲一下再下锅炒，最后用一点点水淀粉勾芡，保证菜做出来清清爽爽。

◆ 基围虾 250 克 ◆ 龙井新茶

● 盐 ● 味精 ● 水淀粉 ● 干淀粉

1 将基围虾留尾去壳，茶叶用开水泡好待用(图 1)。

2 将虾仁加盐、味精、干淀粉腌制上浆(图 2)。

3 烧一锅水，水开时将虾仁放入焯水，至变色后捞出(图 3)。

4 起油锅(少许油)，倒入虾仁，加入茶水、少许味精，最后用少许的水淀粉勾芡，装盘时用茶叶点缀即可(图 4)。

鱼香嫩滑鸡丝

选择了泡椒，鱼香味更突出
掌握好滑炒，鸡丝更滑更嫩

“鱼香味其实是一种调味方法，用到的最基本的材料有姜、蒜、葱、泡椒。成菜特点是微辣带少许的酸甜味，这里的辣和酸味就是来自泡椒。平时我们可用这种调味方法来制作不同的原料，就好比这道鱼香鸡丝。

在做这道菜的过程中，掌握好滑炒的技术才能使肉丝更滑、更嫩。滑炒的油温一般控制在三成左右，即油锅边上有微微的小泡的时候将肉丝下锅滑散。需要注意的是，过油的菜上浆时粉不可加得太多，否则肉丝易粘连，不易滑散。”

厨房小知识

泡椒俗称“鱼辣子”，是川菜中特有的调味料。泡椒具有色泽红亮、辣而不燥、辣中微酸的特点，常用的一般有两种：一种是二金条泡辣椒，这种辣椒个头相对较长，辣味适中，香气足，制作传统川菜鱼香肉丝就离不开它；另一种是子弹头泡辣椒，这种辣椒个头较短，呈鸡心状，其辣味足，因成形较好，在泡椒菜肴中常整个使用，很少加工成蓉或切成小块。

◎ 马师傅的鱼香鸡丝看起来鸡丝特别饱满，颜色也很漂亮，有什么特别的诀窍吗？

做好这道菜，一是要上浆，二是要掌握好滑油的温度。炒制时酱油尽量少放，否则成品颜色会发暗。这里的红色基本来自泡椒和辣椒油，老抽仅仅是起了个增色的作用，一般最后放几滴即可。

◎ 马师傅，怎样切好肉丝？切片可以吗？

你可以在肉没完全解冻的情况下切，切好后再让它自然解冻即可。假如你真不会切，当然也可以切片。要注意的是，主料切片，那配料也应该切片，否则炒制时成熟度不一样，而且也会影响整个菜肴的美观。

◎ 这里的辣椒仔一般在哪里可以买到？

辣椒仔是一种西餐的常用调料，是新鲜辣椒经泡制、提炼而成的，酸辣味很突出，在制作酸辣菜时常用其调味。一般稍大点的超市，特别是那些合资的大型超市都有卖。

原料

◆ 黄瓜 1 根◆ 鸡胸脯肉 1 块◆ 姜◆ 蒜◆ 葱◆ 泡椒

调料

● 盐 ● 味精 ● 干淀粉 ● 水淀粉 ● 料酒 ● 米醋 ● 白糖 ● 老抽 ● 辣椒仔 ● 辣椒油

做法

1 将鸡胸脯肉切细丝，加盐、老抽、干淀粉腌制上浆。

2 黄瓜切细丝，葱、姜、蒜、泡椒分别切细末。

3 起油锅，待油温三成热时将鸡丝下锅滑散，至变色即可捞出，滤油待用（图 1）。

4 原锅留油少许，下姜、蒜、泡椒末煸炒至香（图 2）。

5 加入鸡丝、黄瓜丝同炒（图 3）。

6 加入老抽、料酒、米醋、白糖、味精、辣椒仔、葱末、辣椒油，最后用水淀粉勾芡即可（图 4）。

水煮鳝片

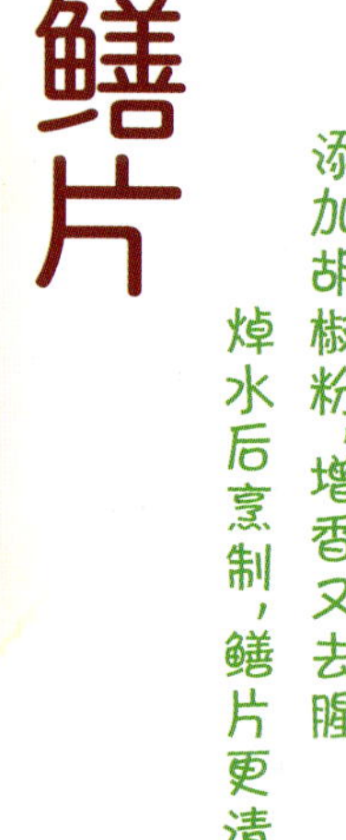

“鳝鱼腥味比较重，所以这道菜里加了大量的胡椒粉，可有效地去除鳝鱼的腥味。胡椒粉最好是选用胡椒粒现磨的那种，香味会更纯正。

这道菜在调味上也是运用了第一篇中做水煮鱼的方法。需要特别注意的是，鳝鱼表面会有一层难去的黏液，如不去除，做出来的菜会不清爽，腥味特别重，所以最好将鳝鱼先焯水再烹制。”

厨房小知识

吃鳝鱼最好现杀现烹，死鳝不宜食用。因为鳝鱼死后，其体内所含的组氨酸会分解生成有毒的组胺，食用后会引起食物中毒，出现头晕、头痛、胸闷、血压下降等症状。

你问我答 提升厨艺

◎ **文中提到的“油辣子”，是自制的还是超市买的？**

油辣子就是将干辣椒用打碎机打碎，拌入少许的水(这样不容易焦)，加入少许的香料末(如白豆蔻、花椒、香叶等)，冲入烧热的油，最后放点炒熟的芝麻做成的。要注意的是油温不可太高，否则辣椒会马上焦掉；油温也不可太低，否则做出来的油辣子不香。一般制作后第二天即可食用。嫌麻烦的话也可去超市购买，应尽量选原味的。

◎ **你说现磨胡椒粉比买来的胡椒粉好，请问家里如何制作呢？**

因为买来的胡椒粉会掺不少另外的粉类，不是纯的胡椒粉。在家制作胡椒粉只要将买来的胡椒粒烘干或炒至有香味，再用硬物将其敲碎即可，用不完的可装入干燥的瓶子保存。

原料

◆ 鳝鱼 3 条 ◆ 黄瓜 ◆ 黄豆芽 ◆ 大葱 ◆ 香菜 ◆ 干辣椒 ◆ 花椒 ◆ 姜末 ◆ 蒜末

● 盐 ● 生抽 ● 料酒 ● 味精 ● 鸡精 ● 麻辣火锅底料 ● 胡椒粉 ● 油辣子

做法

1 将黄鳝去骨（菜场可代加工），干辣椒剪成小段，黄瓜、大葱切片，黄豆芽去根(图 1)。

2 将鳝鱼入沸水锅中煮 1 分钟(图 2)。

3 将鳝鱼捞出，冷水过凉，洗去表面的黏膜，再切成长条状(图 3)。

4 黄瓜、黄豆芽入沸水锅中煮熟，捞出滤水装盆待用(图 4)。

5 起油锅，将姜、蒜末和油辣子煸炒至香(图 5)。

6 加入约 500 毫升水，放入鳝鱼片、盐、麻辣火锅底料、鸡精、胡椒粉、料酒、生抽同煮 3~5 分钟，再加少许的味精(图 6)。

7 最后连汤带料倒入有黄瓜的盆里。撒上干辣椒节、花椒粒、胡椒粉，淋上烧得很热的沸油，最后撒上香菜。

也可以这样吃鳝鱼——虾爆鳝背

http://www.19lou.com/forum-47-thread-16006999-1-1.html

黄鱼浓汤年糕

黄鱼要去腥，方法有讲究
若要汤汁浓，建议用猪油

“这是一道来自舟山一带的渔家菜，用黄鱼、猪油和年糕来烹制。据说此菜在舟山一带家家都会做，人人都爱吃，非常适合下饭！

制作此菜关键是先要将鱼整理去腥。黄鱼头顶的两颗类似石头一样的东西和腹腔两边的黑膜腥味都很重，所以在做此菜前务必要将这些东西去除。煎鱼时最好用猪油，因为动物油脂相比植物油脂更能让原料变得软滑。如果你在家将上述两点都做好了，就不怕鱼不鲜、汤不浓了。”

◆ 黄鱼 1 条 ◆ 年糕 ◆ 姜 ◆ 蒜 ◆ 干辣椒 ◆ 青蒜

● 猪油 ● 盐 ● 酱油 ● 老抽 ● 白糖 ● 味精 ● 料酒 ● 胡椒粉

你问我答 提升厨艺

◎ **现在市场上有好多染色黄鱼，我们该怎样挑选黄鱼呢？**

一般我们吃到的就两种黄鱼：要么是速冻的，要么是冰鲜的。首先不建议你买外面包厚厚冰块的速冻黄鱼，分量重又看不到里面。选黄鱼要掌握一看、二按、三闻：鱼鳞完整、鱼鳃鲜红者为佳；手按鱼的表面鱼肉马上弹回者为佳；最后要闻一下鱼是否有药水味或腐臭味。只要你掌握了这三点，相信你一定会挑到好黄鱼的。

◎ **我怕发胖，可否用其他油代替猪油？**

用猪油做这道菜最大的好处就是汤汁会更浓、鱼肉会更鲜嫩。如果你真的对猪油“感冒”，可用橄榄油或色拉油来做此菜，可再加点浓汤宝，弥补汤汁不浓的缺点。

做法

1 将黄鱼切大段，加盐稍微腌制 10 分钟。将姜、蒜切片，青蒜、干辣椒切丝，年糕切小段（图 1）。

2 起油锅，将猪油烧热，黄鱼入锅两面煎黄，放入姜、蒜片（图 2），加水及盐、酱油、料酒烧 3 分钟（图 3）。

3 加入年糕烧 3 分钟，再大火收浓汤汁，加白糖、老抽、味精、胡椒粉后装盘（图 4）。

4 最后将炒过的青蒜及干辣椒丝盖在黄鱼上即可。

1

2

3

4

原汁原味的黄鱼——暴腌蒸黄鱼

http://www.19lou.com/forum-47-thread-29188534-1-1.html

另一道年糕的美味——湖蟹炒年糕

http://www.19lou.com/forum-47-thread-11527550-306-1.html

原料

◆ 里脊肉 150 克 ◆ 黄瓜 1 根 ◆ 朝鲜辣白菜 ◆ 干辣椒 ◆ 小葱 ◆ 姜末 ◆ 蒜泥

调料

● 盐 ● 鸡精 ● 白醋 ● 干淀粉 ● 辣酱

辣白菜水煮肉片

酸辣适口，泡菜的选择很重要

肉片滑嫩，下肉片的时间很关键

“传统水煮菜最大的特点是麻、辣，一般不太适合夏、秋季食用，因为这个季节本身就容易上火。如果按水煮鱼的做法，用朝鲜泡菜来调味，制作出的水煮肉片略带酸辣味，非常适合在夏、秋季食用。

水煮肉片吃起来肉片一定要滑嫩，除了要注意上浆粉的厚薄之外，肉片下锅的时间也非常讲究，基本上要等到另外的原料接近成熟、调味基本完成后才可下肉片，等肉片一变色即可出锅。”

你问我答 提升厨艺

◎ 没有朝鲜泡菜，用韩国泡菜代替可以吗？

不太建议用韩国泡菜，因为韩国泡菜甜味太重，不太适合做此菜。可以尝试用四川泡菜，因为四川泡菜也是酸辣味的，比较适合做这道菜。

◎ 我做的水煮肉片吃起来肉片有点老，不知道是肉片煮得太久，还是切得不好？

你说的这两个原因都有可能，切肉片最好别顺着纹路切，而要像切牛肉那样横着切，这样肉的纤维组织就短了，吃起来也不会感觉老。最后还要掌握一点小技巧：浆肉片的时候粉要略微多点，下锅后不要马上搅动，以免肉片上的生粉脱落。

做法

1 里脊肉、黄瓜分别切片，肉片加盐、味精、干淀粉上浆，葱切末，辣椒剪丝（图 1）。

2 起油锅，下姜、蒜、辣酱煸炒片刻（图 2），再加入泡菜及一小碗水，烧 2~3 分钟（图 3）。

3 下黄瓜片，加盐、鸡精（图 4）。

4 下肉片，待其变色时加少许白醋调味（图 5）。也可以将配料先捞出装碗，原汤再下肉片煮。

5 捞出装碗，撒上葱末和辣椒丝，淋上滚油即可。

想学学如何制作韩国泡菜吗？

http://www.19lou.com/forum-47-thread-33371650-1-1.html

健康狮子头

肉圆不会散，搅拌方法有讲究
胡萝卜去肉臊，白菜增水分

“很多人制作的狮子头会散掉或者吃起来散散的，问题就出在肉末的搅拌上。搅拌的时候盐要一次加足，盐太少的话肉不会完全涨开，不涨开就不会有黏性。搅拌时要顺着一个方向搅拌，搅拌至感觉阻力越来越大时，你的肉圆才不会散掉。

我的这道狮子头个头特别小，还添加了白菜、胡萝卜、玉米、菜心等，不光丰富了营养，而且也起到了特别的作用：胡萝卜独有的味道可以抵去肉臊味，而白菜会使肉圆吃起来有更充足的水分，不再有硬邦邦的感觉。”

原料

◆ 肉末 ◆ 白菜 ◆ 玉米 ◆ 胡萝卜 ◆ 菜心

调料

● 盐 ● 干生粉 ● 味精 ● 胡椒粉

做法

1 将胡萝卜、玉米煮熟，胡萝卜切小丁，玉米取粒，白菜帮也切小丁(图1)。

2 肉末加盐、少许干生粉、味精、胡椒粉，顺一个方向搅拌起劲。把步骤1的配料加入肉末中拌匀，挤成丸子(图2)。

3 烧一锅水，将肉圆子温水下锅并用小火煮熟(图3)。

4 最后将菜心入锅汆熟，装盘时点缀在肉圆的边上即可(图4)。

你问我答 提升厨艺

◎ **为什么我做的狮子头吃起来硬邦邦的?**

做狮子头的肉不能太精、太瘦，没了油脂吃起来会干。我一般选夹心肉或五花肉。肉末最好自己剁，不要选绞肉机绞的肉末。绞的肉末过细，做出来的肉圆会质地很紧，不好吃。

◎ **我做这道菜的时候，常常是最后水开了，肉圆也散了，变成了肉末汤，有什么方法可以解决吗?**

有两个原因，我在前面已经提到过了。还要注意的是，要温水下锅，煮时水不要太开，微微翻滚即可，否则肉圆不但容易碎而且口感会老。

花蛤煮酸菜鱼

豆芽加花蛤，增脆又提鲜
鱼片想要嫩，上浆有讲究

“这道菜在传统的酸菜鱼里添加了黄豆芽和花蛤，口感更脆，味道更鲜。我做这道菜时鱼片是焯水而不是过油的，原因是焯水的鱼片不油腻，而且更易于家庭操作。焯水时会有一部分的生粉和盐溶于水中，所以在浆鱼片时一定要将盐、味精、干生粉一次加到位，而且生粉和盐的量要略微多点。待上浆完全后再开水下锅焯水，做出来的鱼片才会又嫩又滑。”

你问我答 提升厨艺

◎ 我看到饭店里的酸菜鱼汤是发白的，但我在家做的汤有点清汤寡水的样子，请问这个问题要怎么解决呢？

饭店做这道菜时会加入高汤同煮，所以汤汁会浓白些。家里没有高汤的话，可用猪油炒鱼骨，这样汤汁也会相对浓一点。也可以用点浓汤宝之类的调味料，也能帮你将鱼汤煮得浓白一点。

◎ 烧酸菜鱼的酸菜有没有什么讲究？

做酸菜鱼最重要的是要选好的酸菜，四川那边也许在家就能做酸菜，但在江浙一带就只能买了。我觉得有一款叫“李记”的酸菜不错，很适合在家操作。如你想再酸辣一点，可再加少许的小米椒和白醋。

◎ 我买的花蛤总是有泥沙，有没有什么解决方法呢？

市场上一般会有两种花蛤，一种是养得很干净的，这种花蛤已经把泥沙吐得很干净了，但买回来不好养，必须马上吃掉，否则很容易死掉；还有一种是没养过的，这种花蛤买回来后要放水里（水里要加少许盐）养一下，让它把泥沙吐净后才可食用。

◎ 马师傅，在家切鱼片有没有什么简易的方法？

你可以在鱼洗净之后将其放入冰箱速冻 15~20 分钟，然后再按右边的步骤批鱼片，这时鱼皮就不会滑，变得很好切；要注意不要冰得过久，否则会影响鱼片的鲜滑度。

1

2

3

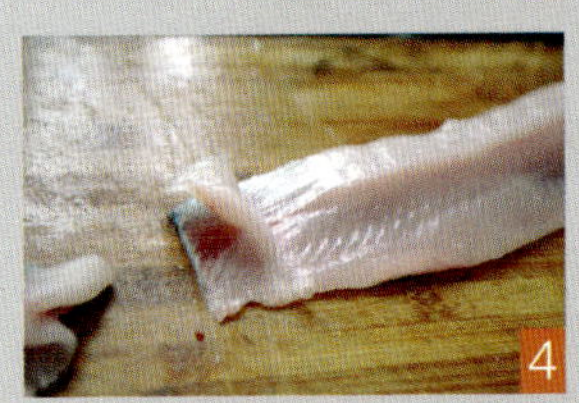
4

5

原料

◆ 黑鱼 1 条 ◆ 黄豆芽 50 克(比绿豆芽更脆更耐煮) ◆ 花蛤 100 克 ◆ 酸菜 50 克 ◆ 小米椒 5 颗 ◆ 青、红椒若干 ◆ 姜 ◆ 蒜

调料

● 盐 ● 味精 ● 胡椒粉 ● 料酒 ● 小米椒汁水 ● 白醋 ● 生粉 ● 花椒油

做法

1 姜、蒜切小片,青、红椒切小段,鱼批片,鱼骨斩块,酸菜切小段。

2 鱼片加盐、味精、胡椒粉、生粉腌制上浆待用。

3 黄豆芽焯水至熟,装碗待用(图 1)。

4 花蛤和鱼片也分别焯水至熟待用(图 2、图 3)。

5 将鱼骨、姜片、蒜片、酸菜煸炒片刻(图 4)。

6 加水 700 毫升左右,加入调料,大火煮 3~5 分钟(图 5)。

7 将煮好的汤倒入装豆芽的碗内,再将鱼片和花蛤放上面。

8 将青、红椒用花椒油煸炒一下后盖在鱼片上(图 6)。

1

2

3

4

5

6

第三篇 Third
酒店宾馆菜

脆皮鲜嫩豆腐鱼

巧用泡打粉，皮脆又饱满
用啤酒腌鱼，增香又去腥

“也许很多朋友不认识豆腐鱼，但说起‘龙头烤’估计很多人就会知道了，特别是一些和我同龄的朋友。这道脆皮鱼，泡打粉在其中起的作用是相当大的，加了泡打粉不光吃起来脆，而且外形也相对要饱满、光滑。另外，腌鱼前记得要加啤酒浸泡，啤酒富含麦芽成分，可以使成品有微微的麦芽香，且有一定的去腥效果。”

原料

◆ 豆腐鱼 ◆ 鸡蛋 ◆ 葱 ◆ 姜 ◆ 香菜

调料

① ● 啤酒 ● 盐 ● 味精 ● 胡椒粉
② ● 生粉 ● 面粉 ● 泡打粉 1 小勺（生粉、面粉的比例为 1:2）

你问我答 提升厨艺

◎ 我听说有些不法商贩为追求“龙头烤”的卖相好看点，往往用药水来泡鱼，我们该如何来挑选鱼呢？

泡过药水的鱼最大的特点是鱼肉很僵硬，同时鱼身也会变得很坚挺，鱼的颜色也会有点发红。我一般挑鱼会挑选玉色略带灰褐色的。

做法

1 将豆腐鱼去头去尾，切成长 3 厘米左右的段，香菜切段。
2 用啤酒泡洗（加入姜片、葱段、香菜，泡好后去除）鱼块，再加调料①和香菜腌制（图 1）。
3 调料②加水和 1 只蛋黄，调成泡打糊（图 2）。
4 将腌好的鱼挂上泡打糊，入四五成热的油锅炸至金黄色即可装盘（图 3）。

泰式酸辣虾

咖喱加辣酱，柠檬来提鲜
去壳来腌制，入味又爽滑

“酸辣味可以说是泰国菜的一个特点，不过泰国菜的酸辣和我国的湘菜有所不同，泰国酸辣菜会多些咖喱、椰香等复合味。这道将咖喱、辣酱、柠檬三者相结合的泰式酸辣虾是我多次试验的成果，不仅加入了咖喱，使得这道菜在色泽上红中略带点米黄色，非常漂亮，很有酒店的风格；而且用鲜柠檬汁代替了白醋，口感独特，跟传统的酸辣虾很不一样哦。

另外要记住的一点是，做这道菜时虾要去头、去壳腌制，这样不仅容易入味，而且虾肉经过生粉的作用，肉质会更嫩更滑。”

你问我答 提升厨艺

◎ 请问在这道菜里加牛奶的好处是什么?

加牛奶的好处有两个：一是能使菜的味道更柔和、更醇厚；二是使整道菜的色泽看起来很诱人，粉黄里略透点红，很能勾起你的食欲哦。

原料

◆ 对虾 2 只 ◆ 鲜柠檬 1 只 ◆ 洋葱 ◆ 鸡蛋

调料

● 盐 ● 鸡精 ● 干淀粉 ● 水淀粉 ● 辣椒酱 ● 咖喱粉 ● 鲜牛奶 ● 胡椒粉

做法

1 取下虾头，将虾身去壳、留虾尾，再在虾肉的背部批一刀，去除虾筋(图 1)。

2 虾肉加盐、鸡精、胡椒粉腌 10 分钟，拍上少许的干淀粉(图 2)。

3 打开一只鸡蛋，取蛋黄打散。将洋葱切末。

4 起个小油锅，将虾和虾头入锅炸 1 分钟左右后捞出待用(图 3)。

5 原锅留少量的油，将洋葱末、咖喱粉煸炒至香(图 4)。

6 加水、辣酱，与炸好的虾同烧(图 5)。

7 烧 2 分钟左右后加入鸡精、鲜牛奶、水淀粉勾芡，最后淋入打好的蛋黄液和少许柠檬汁即可(图 6)。

1

2

3

4

5

6

新鱼香茄子

茄子切花刀，造型更漂亮
若要味道正，泡椒少不了

“也许你会说鱼香茄子很简单啊，连一般的小饭店都会有，这里介绍的新的鱼香茄子到底新在哪里呢？主要是新在刀工的处理上。茄子切段，两面切十字花刀，整个形状要比传统的条形漂亮和入味，而且经过这样的刀工处理，整道菜的造型明显上了个档次。最后提醒一下，鱼香茄子最不可少的就是泡椒，整道菜的酸、辣、鲜基本上就是靠它来调制的。”

你问我答 提升厨艺

◎ 我切的茄子被我"整"得好惨，碎的碎，断的断，不知马师傅有啥绝招啊？

首先茄子要选细一点、直一点的，颜色不要太紫（太紫的是老茄子）。先切长4厘米左右的段，然后在茄子的中间插一根牙签，在两面下刀切十字花刀，有牙签在中间，茄子就不会被切断了。

◎ 马师傅，这个茄子吸油好厉害啊，看着好心疼，不用油锅怎么烧才会好看呢？

饭店里的茄子卖相好看，吃起来酥软，是因为在烧之前用油把茄子炸过了，茄子在短时间内成熟，大量的油脂包裹住了茄子的表皮，所以茄子的皮不会过早地氧化变黑。炸过茄子的油一般不会变质、变色，不影响第二次使用。如果你在家不愿意起大油锅炸，也可在炒时放略多的油，并且尽量少放水，这样也可以产生酥糯、不变色的效果。

◆ 茄子 ◆ 姜末少许 ◆ 蒜末少许 ◆ 泡椒末少许 ◆ 葱花少许

● 生抽 ● 料酒 ● 味精 ● 白糖 ● 米醋

1 茄子切段，两面分别切十字花刀（图1）。

2 将茄子入油锅炸2分钟左右，捞出滤油待用（图2）。

3 将姜、蒜、泡椒入锅煸炒至香（图3），再加少许水，倒入茄子，加调料烧2~3分钟（图4）。

4 最后放葱花和少许醋。

1

2

3

4

黑椒煎牛排

牛排加黑椒，味道没得说
大火先封汁，中火来煎熟

“我喜欢将黑胡椒与牛肉一起搭配着来做菜，似乎黑胡椒是天生为牛肉而准备的，牛肉没有了它真的会失色不少啊，不过那滋味只有你亲自下厨后才会有体会哦。

煎牛肉时火要旺些，这样牛肉表皮才会快速地凝结，锁住水分。然后再用中火慢慢地将其煎熟即可。个人对黑胡椒比较偏爱，所以我在这本书里会多介绍几道以黑胡椒为主要调味料的菜。”

厨房小知识

牛排其实是一个统称，一般分以下4种：

● **牛里脊(菲力)**：是牛脊上最嫩的肉，几乎不含肥膘，因此很受爱吃瘦肉的朋友的青睐。由于肉质嫩，煎成三成熟、五成熟和七成熟皆宜。

● **肉眼牛排**：瘦肉和肥肉兼而有之，由于含一定肥膘，这种肉煎烤起来比较香。注意不可煎得过熟，三成熟最好。

● **西冷牛排(牛外脊)**：含一定肥油，由于是牛外脊，在肉的外延带一圈呈白色的肉筋，总体韧度强、肉质硬、有嚼头，适合年轻人和牙口好的人吃。切肉时要连筋带肉一起切，另外不要煎得过熟。

● **T骨牛排**：呈"T"字形，是牛背上的脊骨肉。"T"字两侧一边量多一边量少，量多的是肉眼，量稍少的便是菲力。此种牛排在美式餐厅更常见，由于法式餐厅讲究制作精致，一般较少采用量较大而质较粗糙的T骨牛排。

文中所用的牛仔骨又称牛小排，指的是牛的胸肋骨部位。因为骨头旁的肉较嫩，所以煎来吃比较适合。一般在中餐中常会用到。

原料

◆ 牛仔骨 ◆ 薯条

调料

① ● 盐 ● 黑胡椒粉

② ● 黄油 ● 蚝油 ● 白糖 ● 黑椒粉 ● 老抽 ● 水淀粉

做法

1 将牛仔骨用调料①腌制入味，大约需要10分钟(图1)。

2 起油锅，将薯条炸至变黄、变松脆后捞出待用(图2)。

3 原锅留少许底油或用少许橄榄油将牛排煎至两面微焦(可在出锅前加少许黄油一起煎，图3)。

4 将调料②加少许水调成黑椒汁，随牛排一起上桌。

你问我答 提升厨艺

◎ **我看到过有人做牛排的时候用刀背敲一下牛排，这里要这样处理吗？**

牛排或肉排做之前用肉锤或刀背敲一下，是为了让肉的组织更松一点，吃起来不会觉得很老。所以你在家里做此类菜时可以先用刀背敲一下再制作。

◎ **我常去吃店里的牛排，很喜欢黑胡椒酱，但自己不会做，能麻烦师傅教一下吗？**

家庭制作黑胡椒酱并不难，将少许的黄油和黑胡椒粉小火炒香，加两瓷勺的蚝油、少许的水、几滴老抽、鸡精，烧开后用水淀粉勾薄芡即可。

甜豆鲜橙鸡丁

橙肉加鸡丁，营养加好味
橙肉巧下锅，成败的要点

“这道菜所需原料简单、造型大气，非常适合在家宴请宾客时制作。橙肉的加入使鸡丁吃起来异常的鲜美。要想整道菜在色、香、味上都达到最佳状态，放入橙肉的时间非常关键。放早了，橙肉的汁水会大量地流出，这样吃起来鸡丁会很酸，而橙肉则变得干瘪；若放迟了，则达不到两者融合的效果了。所以最好的办法就是下锅前用淡盐开水将橙肉泡一下，除去表面多余的甜味和酸味，等芡汁勾好后再将两者同时入锅翻炒。”

你问我答 提升厨艺

◎ 我做出来的甜豆鲜橙鸡丁糊糊的，看上去不像马师傅做的那样清爽，请问有什么办法解决吗？

两个原因，首先可能是浆的时候粉和盐的比例没掌握好，导致原料脱浆；其次可能是最后炒的时候汤水过多，若此时勾芡的话肯定会有糊糊的感觉。

◎ 师傅，我问一个菜鸟的问题，勾芡应该注意什么？

勾芡要注意以下五个要点：一是一定要等菜品熟时再勾芡；二是油多时不能勾芡；三是调好味道和色泽后再勾芡；四是汤汁太多或几乎无汤汁时不要勾芡（主要针对炒菜而言）；五是芡汁浓度要适中，太浓会使菜品变干，太稀则会冲淡菜的味道。

原料

◆ 鸡胸脯肉 1 块 ◆ 鲜甜豆少许 ◆ 脐橙 2 只

调料

● 盐 ● 味精 ● 干生粉 ● 水淀粉

做法

1 将鸡胸脯肉切小丁，用盐、味精、干生粉上浆待用（图 1）。

2 将橙对破开，取出橙肉切小丁留用。用小刀将橙皮略微修饰一下，最后作为器皿使用（图 2）。

3 将浆好的鸡丁和甜豆一起入油锅（三成热油温），滑熟后捞出控油（图 3、图 4）。

4 将橙肉用淡盐水泡 3 分钟后滤干水分。

5 原锅加少量的水，加点盐和味精，用水淀粉勾薄芡（图 5）。

6 最后倒入鸡丁和橙肉翻炒均匀即可出锅（图 6）。

1

2

3

4

5

6

新加坡辣椒蟹

鸡酱替辣酱，鲜辣又不燥
蟹肉不用炒，原味有保证

“辣椒蟹是新加坡赫赫有名的海鲜名菜，膏蟹与番茄酱、辣椒组成的红汤汁完美地融合，鲜辣开胃。泰国鸡酱与番茄沙司的加入使得整个口味以酸、甜、鲜为主，略带微辣，特别是鸡酱的加入，使整道菜汤汁特别醇厚，辣而不燥。做这道菜时要注意蟹块不用炒，直接下锅煮就可以了。这样做出来的蟹会特别的鲜嫩，可以很好地体现蟹原本的鲜味。”

你问我答 提升厨艺

◎ 请问你上面介绍的鸡酱是什么调料？如没鸡酱我可以用另外什么调味料代替？

鸡酱最早来自泰国，是以辣椒、蒜蓉为主，再加另外配料调制而成的复合调味料，甜酸微辣，一般作为炸菜的蘸酱很不错，当然也适合用来做热菜。买不到鸡酱的话，用甜辣酱也很不错。

◎ 马师傅，这道菜我做出来会味道偏甜，不知道哪里出了问题。

这道菜里用的泰国鸡酱和番茄沙司都有甜味，所以一般鸡酱放 2/3、番茄沙司放 1/3 就可以了，否则的话整道菜会因为太甜而吃不出蟹原本的鲜味。

原料

◆ 青蟹 ◆ 生姜 ◆ 大蒜 ◆ 洋葱 ◆ 鸡蛋

调料

● 泰国甜辣酱(也称泰式鸡酱) ● 番茄沙司 ● 白醋 ● 盐 ● 鸡粉或鸡精 ● 辣椒仔 ● 干生粉

做法

1

2

3

4

1 将蟹斩块，切面撒少许干生粉。姜、蒜、洋葱分别切末，鸡蛋取蛋黄备用(图 1)。

2 起小油锅，将姜、蒜、洋葱下锅煸香，再下甜辣酱和番茄沙司，略炒后加一小碗水(图 2)。

3 放入切好的蟹块，加点盐，盖上锅盖煮 5 分钟左右(图 3)。

4 最后加入鸡精、少许的白醋和辣椒仔，淋入蛋黄液(图 4)。

原料

◆ 虾仁 ◆ 文蛤 ◆ 鸡蛋 ◆ 小葱

调料

● 盐 ● 料酒 ● 味精 ● 干生粉 ● 蒸鱼豉油

文蛤虾仁水蒸蛋

虾仁加文蛤，增味又提鲜

文火蒸蛋羹，细腻又爽滑

“儿童和老人吃蛋以蒸蛋羹或蛋花汤最适合。鸡蛋采用蒸法营养流失很少，再加以文蛤、虾仁同蒸，其味道和营养都有不少加分哦。很多人会抱怨蛋很难蒸，不是蒸老了就是蛋不会凝固，其实你只要掌握了合适的火候，就不怕蒸不出饭店里那种水嫩嫩的水蒸蛋。”

你问我答 提升厨艺

◎ 我每次蒸蛋都蒸不好，不是太硬就是凝固不牢，还会有空泡，怎么样才能蒸出又嫩又好吃的水蒸蛋呢？

首先要把握好蛋与水的比例，以家庭吃饭的小碗为单位，基本上是 1 只鸡蛋加 4/5 碗的冷水。蛋打匀之后最好用过滤网过滤，将没打匀的杂质去除。蒸蛋前先将蛋液用保鲜膜包好，这样蒸出来的蛋会比较嫩，而且不会起泡（但要选那种耐高温的保鲜膜）。蒸蛋时的火候一般选择中小火，火太大蛋液会蒸空的。

◎ 为什么你要将文蛤和虾仁迟一点放入，跟蛋一起蒸不是会更鲜吗？

原料分两次下，缩短了文蛤和虾仁的加热时间，使其刚刚成熟即出锅，不论口感和营养都保持在最佳状态；而且在蛋液半凝固时将文蛤等原料放入，原料都在蛋的表面，整道菜看上去会更有食欲。

◎ 师傅，做水蒸蛋是不是要等水开了再蒸？

一般制作蒸菜都要等蒸汽出来方可下锅蒸，特别是蒸鱼，如蒸汽没有出来或汽不够大，蒸出来的鱼肉会不滑嫩，色发闷。蒸蛋也是如此，如蒸汽没出来就把蛋放入，可能会造成蛋不能完全凝固，还会造成蛋液里的盐分下沉，使蛋蒸好后下面特别咸，而上面则很淡。

做法

1 将鲜虾仁加盐、干生粉上浆，葱切末。再将鲜虾仁焯水捞出过凉。

2 在水锅里加少许料酒，水开后放入文蛤焯水，待其打开壳后捞出待用（图 1）。

3 鸡蛋打开，搅拌均匀后加水、盐、味精等，再用保鲜膜包好（图 2）。

4 将鸡蛋放入蒸锅中，小火蒸 6 分钟左右（图 3）。

5 打开保鲜膜，这时鸡蛋刚好处于半凝固状态，将焯好水的文蛤、虾仁放在蛋表面，再加盖蒸 3 分钟左右（图 4）。

6 最后在蒸好的蛋羹上淋入少许的蒸鱼豉油，撒上葱末。

1

2

3

4

干煎大对虾

对虾开背煎，味道才会鲜
腌制加黑椒，增香又去腥

“煎大虾又称扒大虾，它需用专门的一种炉具来制作，就是那种常会在电影里看到的“大大的铁板”，在家当然不可能有这么大的工具，所以我用了煎锅。

做这道菜，首先是要虾入味，因为对虾有厚厚的一层壳，味道不易进去，所以我建议将虾对破开后再腌制，既方便入味又缩短了煎制的时间，煎好的虾既鲜又嫩。黑胡椒的加入主要起到增香、去腥等作用。黑椒和对虾的完美结合，做出来的美味肯定超乎你的想象。”

厨房小知识

橄榄油一般分两种：

● **原生橄榄油（天然橄榄油）**：它是直接从新鲜的油橄榄果实中用机械冷榨的方法榨取的，完全不经化学处理。此类橄榄油质量最佳，具有独特的香味，金黄色中带有绿色，可以直接食用或用于凉拌、制作沙拉。

● **精炼橄榄油（二次提炼油）**：它是通过溶解的方法从冷榨后的油渣中提取的，虽然营养价值稍不及原生橄榄油，但价格较便宜，作为厨房里的常备油还是不错的，比较适合煎、烹、炸时使用。

你问我答 提升厨艺

◎ 做煎菜时你为什么爱用橄榄油？

橄榄油在反复或高温下使用不易变质，尤其对氧化作用引起的变质有很强的抵御能力，最适合煎炸食品。

原料

◆ 大对虾 ◆ 黑胡椒粉 ◆ 小葱

● 盐 ● 味精 ● 干生粉 ● 橄榄油 ● 白兰地

1 将虾去头、从背部破开，保留腹部的壳相连，去除虾筋(图 1)。
2 用盐、味精、黑胡椒粉、少许干生粉将虾腌 5 分钟(图 2)。
3 在平底锅中倒入少许橄榄油，待油温略高时将虾放入煎制，虾肉的一面朝下(图 3)。
4 约煎 1 分钟左右后将虾翻过来再煎 1 分钟左右，最后烹入少许的白兰地，再用葱花点缀即可。

虾蓉炸响铃

腐皮要选薄，虾蓉要剁细

响铃要酥脆，火候是关键

“要做好一道菜，原料的选择很重要。这道菜一定要选薄的腐皮来制作。薄豆腐皮易包、易炸、口感酥脆，以杭州富阳产的泗乡豆腐皮为佳。

制作响铃，关键一点是要把握好炸时的油温，要坚持油温两头高、中间低的原则。

我这里做的这道响铃将传统的里脊肉改成了现在的虾肉，在口感和营养方面都有不一样的感觉，但是注意虾蓉一定要剁细，否则会影响口感。”

你问我答 提升厨艺

◎ 为什么我做的响铃外面很脆但里面咬不动？

响铃和其他炸菜不一样，它要求成菜里外都酥脆，所以我们在包响铃的时候不可卷得太紧，不然炸时不能将里面的豆腐皮炸透；当然也不可卷得太松，否则炸好的响铃是扁的；还有要注意的是炸响铃的油温，一般在油温四成左右时下锅，响铃定形后关小火炸，捞出前再将火开大炸一下，这样炸出来的响铃里外酥脆、不焦不油腻。

原料

◆ 虾仁 ◆ 鸡蛋 ◆ 豆腐皮

调料

● 盐 ● 味精 ● 胡椒粉 ● 椒盐 ● 番茄沙司

1 将虾仁剁成蓉，加盐、味精、胡椒粉搅拌均匀，鸡蛋打散待用。

2 去除豆腐皮边上的筋，将虾肉均匀地抹在豆腐皮的一端，顺一个方向卷成圆筒（图 1）。

3 将卷好的豆腐皮卷切成长 3 厘米左右的段（图 2）。

4 待油锅四成热时（约 120℃左右）将腐皮卷下锅，用中火炸至金黄色（图 3、图 4）。

5 上桌食用时可根据自己的口味蘸椒盐或番茄沙司。

鲜橙脆皮鱼柳

炸前要腌制，增鲜还去腥
外皮要酥脆，用粉很重要

“这道菜吃起来表皮酥脆，鱼肉鲜嫩。马师傅要提醒大家的是，炸前鱼肉一定要腌制，这样不但可以增加鱼的鲜味，还能去腥。这道菜中泡打粉的运用很重要，用泡打粉来调面糊，炸好的鱼柳外皮会光滑而且酥脆。我在制作这道菜时还加入了新鲜的橙肉和鲜橙汁同烧，其味道有点类似我们平时熟悉的‘咕噜肉’，但里面的鱼肉可是要比里脊肉好吃很多哦。”

你问我答 提升厨艺

◎ 家庭制作时，这泡打糊该怎样调制？

一般我们要掌握的是面粉和生粉的比例为 2:1，而泡打粉基本上就是一般家里那种调料勺一勺，将三者放在碗里加水搅拌均匀就可以了。糊的厚薄取决于你用的时间，如马上要用，面糊要调得略厚些（面糊能均匀地包住筷子，呈缓慢下滑状）。如不是马上要用，可调得略稀点，因为泡打粉的发酵作用会使面糊变厚。

◎ 我平时不太喜欢吃番茄沙司，但又喜欢酸甜的菜，可以用其他方法调制糖醋汁吗？

你可以用酱油、白糖、米醋来调糖醋汁，也可用鲜榨橙汁加白糖和白醋来调制。后者颜色好看，营养也丰富些。

原料

◆ 鲈鱼肉 ◆ 姜 ◆ 葱 ◆ 鲜橙 ◆ 面粉 ◆ 干生粉 ◆ 泡打粉

调料

① ● 盐 ● 味精 ● 料酒 ● 胡椒粉

② ● 番茄沙司 ● 橙汁 ● 白醋 ● 白糖 ● 水淀粉

做法

1

2

3

4

1 将鱼肉去皮，切成小指粗细的条，加入姜片、葱段和调料①腌 5 分钟。将鲜橙破开，取橙肉切小丁，用淡盐水泡一下后捞出（图 1）。

2 将面粉、生粉以 2:1 的比例混合，加入少量的泡打粉和适量的水调制成泡打糊。

3 起油锅，等油温约四成热时，将鱼柳挂上泡打糊入锅炸，待外壳松脆时将鱼柳捞出滤油待用（图 2、图 3）。

4 倒去原锅油，加水少许，下调料②调成糖醋汁，最后将炸好的鱼柳、橙肉倒入拌匀即可（图 4）。

红酒小煎鸡翅

红酒两次加，里外都会香

运用好火候，完整有保证

“散发着红酒香气的鸡翅，是不是让人想起了浪漫的烛光晚餐？有条件的话，这道菜可用烤箱烤制，如果没有，可以跟我一样煎。

这道鸡翅要红酒味突出，才能赋予鸡翅别样的味道。所以腌制和烹饪过程中都要添加红酒，注意一定要在鸡翅将要煎熟时加红酒，添加得过早酒味会挥发。酒加好后最好再加锅盖稍微焖一下，这样可以使鸡翅更好地吸收酒的香味。烹制时千万要掌握好火候，保持鸡翅表皮完整不破，这样才会有很好的外观。”

你问我答 提升厨艺

◎ **我做的鸡翅容易破，里面不太有味道，请问有什么解决办法吗？**

这跟你的腌制时间和火候有直接的联系。煎时火太大，鸡翅的表面会瞬间收紧，如此时还是坚持用大火的话皮肯定会破。腌鸡翅时可以用牙签在鸡翅的表面戳几个小洞，这样便于入味，表皮也不易撑破。大火煎至表皮收紧时务必要马上改中小火煎。至于鸡翅里不太有味，除了在表皮戳几个洞外，还可以增加鸡翅腌制的时间或调味料的量。

◎ **我总怕鸡翅会不熟，总是会多烧一会儿，但是这样鸡肉又老了，师傅你是怎么解决这个问题的啊？**

烧的时间过长，不光鸡肉会老，鸡皮也会破掉。一般将鸡翅两面煎黄（此时鸡翅已有六七成熟了）再加盖小火焖 3 分钟左右即可。

原料

◆ 鸡翅中 8 只

调料

● 美极鲜味汁 ● 红酒 ● 盐 ● 胡椒粉 ● 橄榄油

1 将冻鸡翅解冻，用淡盐水浸泡 1 小时。捞出吸干水分，加调料腌 20 分钟（图 1）。

2 将不粘锅烧热，下少许橄榄油，将鸡翅逐一下锅，用旺火煎至鸡翅表皮略焦后关小火再煎 2 分钟（图 2）。

3 将鸡翅翻过来，还是跟前面一样先用大火煎黄，再改小火煎 2 分钟（图 3）。

4 出锅前烹入少量的红酒（图 4），加锅盖焖一两分钟即可出锅。

1

2

3

4

意大利面炒蟹

螃蟹煮意粉，好吃有嚼劲
蟹块用油煎，简单又方便

“这道菜的做法类似我们比较熟悉的蟹炒年糕，但这里把年糕换成了意大利面，使得成菜外形更美观，口感也更Q滑。为了在家做这道菜更方便，这里也将酒店传统的炸蟹改为现在的煎蟹，这样蟹更香且更省油，制作也更简单。要记住的是，煎蟹前我们要在蟹肉的两面撒少许干淀粉，这样可以更好地保持蟹肉的水分和鲜味。”

原料

◆ 意大利面 ◆ 青蟹 ◆ 生姜 ◆ 小葱 ◆ 蒜

调料

● 盐 ● 蚝油 ● 老抽 ● 料酒 ● 干生粉 ● 鸡精

你问我答 提升厨艺

◎ **我烧的意大利面总是会外面糊、里面生，有什么好的方法啊？**

此面的制作方法和成品原料与我们普通的面不同，所以在煮法上也有一定的区别，千万不可用我们传统煮面的方法来煮。一般水开后下锅，然后改小火煮，看原料的大小将煮的时间控制在10~15分钟，煮的中途可添加少许冷水。最后将煮好的面用冰水或冷水过凉。这样煮的面外形不会破，口感很Q滑。

◎ **师傅，螃蟹应该怎么挑？**

一是看蟹壳：我喜欢挑壳背呈黑绿色、带有亮光的那种，一般这种蟹的肉比较厚实。二是看肚脐：肚脐凸出来的，一般蟹膏、蟹黄的量较多，肚子瘪瘪的那种，大多膘体不足。三是看螯足：一般上面有很多小毛毛的，都比较老健。四是看活力：将螃蟹翻转身来，腹部朝天，能迅速用螯足弹转翻回的，活力强，可购买。五是看雄雌：农历八九月里挑雌蟹，九月过后选雄蟹，因为雌、雄螃蟹分别在这两个时候性腺成熟，滋味、营养最佳。

1

2

3

4

5

做法

1 将意大利面煮熟，冷水过凉。将生姜、蒜切末，小葱切段，蟹切大块，在切面处撒上少许的干生粉(图1)。

2 将蟹块入平底锅两面煎黄后捞出(图2)。

3 将姜、蒜末下锅煸炒至香(图3)。

4 放入蟹和意大利面，加水、料酒、蚝油、鸡精、老抽等调味，中小火烧2分钟左右(图4)。

5 最后撒上葱段即可出锅(图5)。

肥牛乌冬面

先煮而后炒，上色又入味
牛肉先上浆，香菜最后放

“传统做法的乌冬面一般都是汤面，而我在这里做的是既可当菜又可当主食的炒面。炒好炒面最重要的当然是口感和颜色，要使口感Q滑，颜色漂亮，炒之前焯水的过程很重要。焯水时一定要在水里加适量上色用的老抽、增味用的盐和防粘连用的色拉油。

做这道菜还要记住的一点是，牛肉一定要上浆，这样吃起来才会嫩，因为生粉可以锁住牛肉的水分。香菜则要到最后才可以加入，这样不光颜色好看，香味也不会过早地散发。”

◆ 乌冬面 ◆ 蛋皮 ◆ 肥牛 ◆ 豆芽菜 ◆ 胡萝卜 ◆ 香菜 ◆ 洋葱

调料

● 沙茶酱 ● 老抽 ● 蚝油 ● 味精 ● 干生粉 ● 盐

1

2

3

4

5

6

7

1 将肥牛肉切薄片，洋葱、胡萝卜分别切丝，豆芽菜去头、尾，香菜取梗切段（叶留用），蛋皮切细丝（图1）。

2 烧开一锅水，加少许的老抽、盐、色拉油，将乌冬面、胡萝卜、豆芽（最后下锅）下锅煮3分钟后捞出滤干水分（图2）。

3 肥牛肉加蚝油、老抽、干生粉上浆（图3）。

4 将肥牛肉入油锅滑散或炒熟后捞出（图4、图5）。

5 原锅下洋葱炒香（图6），倒入焯过水的乌冬面，然后加入沙茶酱、蚝油、老抽炒2分钟左右，加味精、香菜梗即可出锅（图7）。

6 装盘时将蛋皮丝和香菜叶作为点缀撒在上面。

厨房小知识

乌冬面与荞麦面、绿茶面并称为日本最具代表的三大面条。在日本，乌冬面是家庭必备的食品，也是日本料理店不可或缺的主角。传统的乌冬面是用盐水来和面的，盐水可以促使面团内快速形成面筋。然后擀成一张大饼，再把大饼叠起来用刀切成面条。其口感介于切面和米粉之间，口感偏软。

拓展链接

孜然菜松炒肥牛

http://www.19lou.com/forum-47-thread-27461862-1-1.html

金针豆花肥牛

http://www.19lou.com/forum-47-thread-27668199-1-1.html

你问我答 提升厨艺

◎ 马师傅切的蛋丝很漂亮，有什么窍门吗？

做蛋丝时，要先将鸡蛋打散，加少许的盐和水淀粉，再用过滤网兜或纱布滤掉没打散的蛋清，这样做好的蛋皮才不会有白色的小块。锅烧热后要先用一块干净的纱布蘸点油把锅底擦一下，再关小火倒入蛋液，顺一个方向转动锅子把它摊成圆形（这时在蛋皮的边上淋入少许的油），最后将蛋皮翻过来再煎一下就可以了。特别要注意的是，整个制作过程都不可开大火，否则蛋皮易焦。

◎ 肥牛肉切薄片很难，偷懒用涮火锅的代替可以不？

文中所讲的肥牛就是我们平时吃火锅时看到的肥牛。现在菜场一般都会有现刨肥牛片的服务，如果你想用肥牛炒菜的话，可以让老板将牛肉片刨得稍微厚一点，如果是用来涮火锅则可以刨薄片。

孜然软炸鸡柳

面糊加鸡蛋，肉嫩皮酥软
孜然腌鸡柳，软嫩又不腻

“一般大家平时吃到炸一类的菜时肯定感觉是外皮金黄、香酥可口。但是软炸菜却恰恰相反，成品不但不脆，反而会很软嫩、鲜滑。做好软炸菜最好最直接的办法就是在面糊里加入鸡蛋（最好是整个的蛋黄），这样不仅可以使成品酥软，还可以增加菜肴的色泽，使成品颜色更加好看。我在这道菜里加了孜然粉，鸡肉吃起来有一种特别香的味道，不但可以去腥解腻，还可以令其肉质更加鲜美芳香，让人更有食欲。”

你问我答 提升厨艺

◎ 这样的做法还适合哪些原料?

其实只要你掌握了制作要点,原料都是可以随意变化的。软炸的制作手法不但适合动物性原料(如鸡肉、鱼肉、猪肉等),也适合脆性蔬菜原料,如莲藕、黄瓜、黄秋葵等。

◎ 做蛋糊的时候,面粉和水的比例是多少啊?

比例不好掌握的话,你可以这样操作:准备一小碗面粉和一小碗水,先将面粉装入一个大碗(便于搅拌),再将小碗中2/3的水倒入拌匀。如面糊太厚的话,可再逐步地加水。糊的厚度一般可以这样来判断:用筷子的一端蘸一下面糊,如果糊能完全包住筷子并可以缓慢地往下滴则说明糊已调好。如面糊不会往下滴则说明糊太厚了,可加少量的水补救;若滴得过快则说明糊太薄了,可以添加少量的面粉补救。

原料

◆ 鸡胸脯肉1块 ◆ 鸡蛋 ◆ 胡萝卜末 ◆ 香菜末

调料

● 面粉 ● 孜然粉 ● 盐 ● 味精 ● 料酒

做法

1 将鸡胸脯肉切细条(即鸡柳),加盐、味精、料酒、胡萝卜末、香菜末腌10分钟(图1)。

2 取面粉100克左右,加水和一个鸡蛋,搅拌均匀(简称蛋糊,图2)。

3 起油锅,把腌好的鸡柳挂上面糊,入油温约五成热的油锅炸,一般炸约2分钟左右即可捞出(图3、图4)。

4 如喜欢孜然粉味重一点的话,这时可适量地撒些孜然粉在鸡柳上。

1

2

3

4

新加坡黑椒蟹

做好这道菜，黄油少不了
煎蟹用大火，烧时改中火

“黑椒炒蟹又称黑椒黄油炒蟹，跟肉骨茶、海南鸡饭一样，是新加坡非常具有代表性的美食。我是在菲律宾做美食节时巧遇一位新加坡名厨才有机会学得此菜的。此菜味道好且制作方便，适合在家里烹制。黄油在这道菜里起的作用很关键，不但增香增色，还使整道菜的汤汁非常醇厚。大家要注意的是，煎蟹时尽量用大火，这样可以更好地将蟹肉的水分保留。而在烧蟹时建议用中火，这样不但容易入味，而且汤汁会很浓稠。如火太小的话则达不到以上的效果。”

原料

◆ 青蟹 ◆ 洋葱 ◆ 香菜

调料

● 黄油 ● 黑胡椒粉 ● 味精 ● 盐 ● 蚝油 ● 老抽 ● 干生粉

你问我答 提升厨艺

◎ 我上次学做了这道菜，结果吃起来有点苦味，不知道是怎么回事。

最可能的原因是你在用黄油炒黑胡椒时，火开得太大了。黄油是用牛奶加工出来的，用其煎菜或炒菜时火不可开得太大，否则易焦，味会发苦。

做法

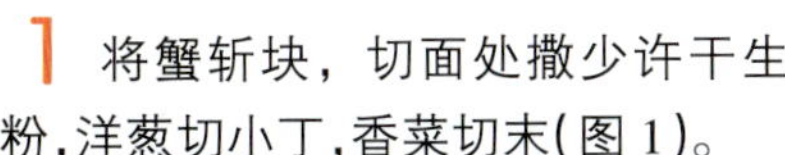

1 将蟹斩块，切面处撒少许干生粉，洋葱切小丁，香菜切末(图 1)。

2 将蟹块入油锅两面煎黄，捞出滤干油(图 2)。

3 原锅下黄油，将洋葱下锅炒香，加入黑胡椒粉、约 100 毫升水，再加入煎好的蟹块、蚝油、少许盐，加盖煮 4 分钟左右(图 3、图 4、图 5)。

4 最后加少许的老抽和味精，撒上香菜末即可(图 6)。

1

2

3

4

5

6

蒜蓉蒸扇贝

旺火大汽蒸，贝肉才会嫩
蒜蓉中火熬，酥香而不焦

“制作海鲜类的菜，蒸制的时间和火候很讲究。火太小蒸汽不够旺或者蒸制时间过短的话，贝肉不易熟；蒸制时间太长的话，肉吃起来会很老。所以我们要用旺火快蒸的方法，这样蒸出来的肉既鲜又嫩。熬制蒜蓉酱也很重要，火候没掌握好的话就会焦掉，而熬的时间太短的话蒜蓉酱就不香。因此熬的时候油要略多，并用中小火慢慢熬，蒜蓉才会香而不焦。”

原料

◆ 扇贝 ◆ 蒜 ◆ 红椒 ◆ 小葱 ◆ 姜

调料

● 盐 ● 胡椒粉 ● 味精 ● 干生粉 ● 啤酒

你问我答 提升厨艺

◎ 马师傅，请问你最后浇上去的滚油是普通的色拉油吗？到底加多少量比较好呢？

就是普通的色拉油，不过要加热后才能起到增香、润滑的作用。油一般要烧至略冒清烟（六七成热），一只贝上浇半汤勺油即可，否则会太腻。

1

2

3

4

做法

1 将扇贝破开、洗净，用啤酒或姜葱水浸泡 10 分钟。蒜、红椒、葱分别切末（图 1）。

2 起油锅将蒜泥下锅炒香，加盐调味（图 2）。

3 将扇贝捞出，沥干水分，加盐、味精、生粉、胡椒粉腌 3 分钟（图 3）。

4 将熬好的蒜蓉抹在贝肉上，然后放在贝壳上，入蒸锅旺火蒸 3 分钟左右（图 4）。

5 撒上葱末、红椒末，淋上滚油即可。

第四篇 Fourth

创意小菜

鸡翅辣煮螺蛳

螺蛳有讲究，青壳为上品
鸡翅先煸炒，香味就此出

“这道菜，螺肉鲜美，鸡肉滑嫩，简直就是绝配。要注意鸡翅要先腌制再煸炒，这样才能把鸡肉的香味完全地激发出来。鸡块也不宜切得过大，否则不易入味。炒制螺蛳选材很有讲究，我选螺蛳有两大要点：一是选青壳螺蛳，这种螺蛳壳薄肉鲜，一般只有水质很好的江或湖里才有这种螺蛳；二是选清明前后的螺蛳，民间有句谚语‘清明螺，赛过鹅’就是形容这时的螺肉最鲜、肉质最饱满。”

你问我答 提升厨艺

◎ 我做的鸡翅煮螺蛳，鸡肉不够入味、螺蛳吸起来比较困难，该怎么解决？

首先鸡翅不要切得过大，炒之前将鸡翅用酱油或盐腌一下，这两点都可以帮鸡翅入味。螺蛳难吸出主要是烧的时间太长的缘故，一般待鸡翅炒香后加水先烧 2~3 分钟，然后再加入螺蛳同烧，烧的时间一般控制在 3 分钟左右（螺蛳特别大的话可适当延长烧的时间）。

◆ 鸡翅中 ◆ 螺蛳 ◆ 生姜 ◆ 蒜 ◆ 青、红椒各 2 只

● 料酒 ● 酱油 ● 鸡精 ● 胡椒粉 ● 豆豉辣酱 ● 白糖

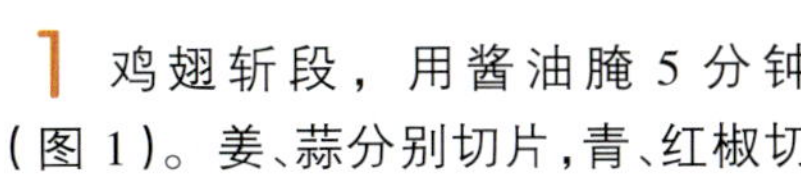

1 鸡翅斩段，用酱油腌 5 分钟（图 1）。姜、蒜分别切片，青、红椒切小段（图 2）。

2 螺蛳焯水过凉待用（图 3），鸡翅下锅煸炒或炸一下（图 4）。

3 将姜、蒜片下油锅煸炒或炸煮片刻，再下豆豉辣酱和炒好的鸡翅，加适量水、料酒、酱油加锅盖焖烧 3 分钟（图 5）。

4 加入焯好水的螺蛳及青、红椒，大火烧约 2 分钟左右，加胡椒粉、少许白糖和鸡精即可出锅（图 6）。

突破传统的搭配——酸菜河虾煮螺蛳

http://www.19lou.com/forum-47-thread-27989205-1-1.html

1

2

3

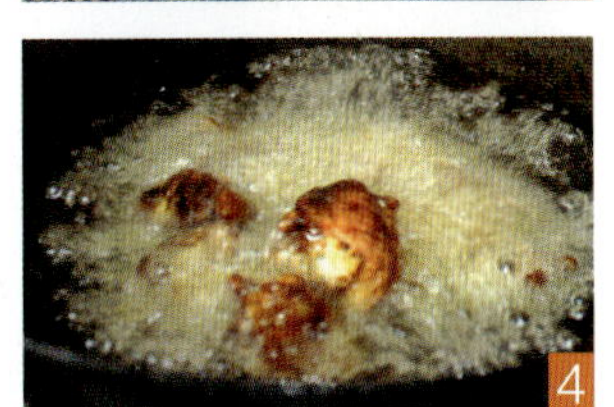

4

5

6

芙蓉烧酿茄子

精选鲜虾仁，品质有保证
拍粉再烹饪，虾肉不会掉

“ 这道菜跟之前做过的‘客家酿豆腐’，无论是烹饪手法还是调味都非常接近。我这里还是用虾蓉来做这道菜，因为虾蓉无论在口感和营养上都要略胜于传统的肉末。这道菜的制作过程中要特别注意整道菜的完整性，特别是茄夹在酿虾蓉前要在茄子里外均匀地拍点干生粉，否则虾蓉很容易脱落。**”**

◎ 我做的这道菜烧好后颜色没马师傅做的好看，不知道问题出在哪里。

估计是你炸的时间太长了，一般油炸约 1 分钟即可，不然茄子会瘪掉。还有就是烧制的时间也不可太长，一般不要超过 2 分钟，时间过长不但颜色会变得不鲜艳，而且虾蓉也容易掉。

◎ 在家里做这道菜我觉得起个大油锅很浪费，请问有没有另外的方法来代替油炸？

油炸可以缩短烹饪的时间，可防止茄子变色，而且通过油炸，茄子吃起来会特别酥糯。如果你实在不愿意起油锅也可以通过油煎来完成，色泽会没炸的好看，但香味也许会更胜一筹。

原料

◆ 茄子 ◆ 虾肉 ◆ 香菜末

调料

● 盐 ● 味精 ● 干生粉 ● 蚝油
● 老抽 ● 水淀粉 ● 白糖

做法

1 将虾仁切成细蓉，加盐、味精顺一个方向搅拌至起劲，再拌入香菜末（图 1）。

2 将茄子斜切夹刀片（中间相连），在刀切面处均匀地抹上少许的干生粉，取虾蓉夹在两片茄子的中间（图 2）。

3 起个油锅，待油温约六成热时将茄子放入锅中炸 1 分钟，再捞出滤油待用（图 3）。

4 原锅留少许油，加少量的水、蚝油、老抽、白糖，再加入炸好的茄子（图 4）。

5 中火烧 1~2 分钟后加入味精，再用水淀粉勾芡，出锅装盘即可。

甜玉米鲜虾球

玉米香甜多汁，虾球爽滑鲜嫩
旺火加旺汽蒸，色香味有保证

“我的这道菜，主料选了甜玉米和虾蓉。鲜嫩多汁的甜玉米搭配着爽滑鲜嫩的虾蓉，造型别致，营养丰富，特别适合给小朋友或者宴请宾客的时候烹制。做这道菜要特别注意两点：一是虾蓉一定要顺一个方向搅拌至很有黏性为止，这样做出来的虾球才会有弹性。二是蒸制时要用旺火加旺汽，否则蒸好的虾球色泽不白、口感不Q。”

你问我答 提升厨艺

◎ 我上次做这道菜，结果蒸出来的虾球变虾饼了，请问是怎么回事？

原因有两个，一是虾蓉的水分过多，导致虾蓉在搅拌时很难打上劲；二是蒸时火力不够旺，蒸的时间过长也会导致虾球扁掉。

原料

◆ 虾仁 150 克 ◆ 甜玉米 1 个 ◆ 胡萝卜 ◆ 香菜

调料

● 盐 ● 味精 ● 胡椒粉 ● 干生粉 ● 水淀粉

做法

1 将虾仁剁碎，胡萝卜、香菜切末，与虾蓉一起拌匀，再加盐、味精、少许胡椒粉顺一个方向拌至起劲（图 1）。

2 甜玉米煮熟切小段，在上面撒少许干生粉。虾蓉挤成直径 2 厘米左右的虾球（图 2）。

3 将挤好的虾球放在玉米上，入蒸锅旺火蒸 4 分钟左右（图 3）。

4 将蒸虾球的原汤倒入锅中，加少许盐和味精，用水淀粉勾薄芡，最后将汤汁淋在虾球上即可。

1

2

3

凤尾虾鱿鱼串

吃冰糖葫芦的感觉，小朋友很喜欢
鲜虾鱿鱼黑胡椒，鲜香又特别

“这道菜很受小朋友的青睐，虾和鱿鱼经过煎后吃起来会特别的鲜香，而且整道菜的外形很讨小朋友的喜欢，一手一串很有吃冰糖葫芦的感觉。用黑胡椒来腌制主要还是起到增香去腥的作用，如果你不太喜欢黑胡椒的味道，也可用孜然粉或咖喱粉来代替，多一种调料，多一种味道。”

你问我答 提升厨艺

◎ **为什么我做的凤尾虾鱿鱼串煎好后是白白的，没有一丝焦香味呢？**

如果原料腌好后没把多余的水分吸掉就下锅煎，水分会马上渗出来，那就肯定煎不好了。如果原料下锅时火不够旺，油温不够高，原料表皮不会马上凝结住，水分持续不断地往外流，也会导致煎好的菜颜色不好看，香味也不浓郁。

原料

◆ 鱿鱼1只 ◆ 明虾10只 ◆ 青、红椒各1只 ◆ 洋葱1个 ◆ 竹签 ◆ 香菜 ◆ 老姜

调料

● 盐 ● 味精 ● 料酒 ● 黑胡椒粉 ● 干生粉

拓展链接

馋嘴美味——彩椒鱿鱼圈
http://www.19lou.com/forum-47-thread-19765960-1-1.html

做法

1 将鱿鱼洗净，切成拇指大小的条状。虾留尾去壳，背部批一刀，用姜、香菜和少量的洋葱、黑胡椒粉、盐、味精、料酒、干生粉腌鱿鱼和虾10分钟。青椒、红椒、洋葱切小方块(图1)。

2 将腌好的原料依次用竹签穿好(图2)。

3 取平底锅，将原料用中大火煎至两面微焦即可(图3、图4)。

1

2

3

4

蓝莓芝麻棒棒鸡

芝麻香脆可口，鸡肉鲜嫩多汁
配以蓝莓佐餐，作用画龙点睛

“ 这也是一道给小朋友的营养菜，用芝麻取代传统的面包糠，味道和营养都兼顾，经油炸后芝麻口感格外的酥脆，而鸡肉又很鲜很嫩。用来配这道菜的蘸酱也很特别，我选了蓝莓酱（需加少量的矿泉水调稀再用），会有一种全新的味觉享受哦。”

厨房小知识

芝麻中含有丰富的卵磷脂和亚油酸，不但可治疗动脉粥样硬化、增强记忆力，而且有防止头发过早变白、美容润肤、保持和恢复青春活力的作用。中医认为，芝麻有补血、生津、润肠、通乳和养发等功效，适用于身体虚弱、头发早白、贫血、津液不足、大便秘结和头晕耳鸣等证。研究发现，芝麻还含有抗氧化的元素硒，它能增强细胞对有害物质的抵抗力，从而起到延年益寿的作用。

你问我答 提升厨艺

◎ 我做这道菜时芝麻怎么老是掉下来?

原料腌好后要先拍少许干生粉,然后再裹一层蛋液,这时鸡肉的表面已经有足够的黏性了,最后我们再粘芝麻,这样操作芝麻是不容易掉的。另外,原料下锅时油温不能太低,一般五成左右的油温最合适(此时原料下锅会浮在油锅的中间,原料边上有很多规则的气泡)。

原料

◆ 鸡胸脯肉 1 块 ◆ 黑芝麻 ◆ 白芝麻 ◆ 鸡蛋

调料

● 盐 ● 味精 ● 胡椒粉 ● 干生粉 ● 炸鸡粉 ● 蓝莓酱

做法

1 将鸡胸脯肉自然解冻,切成小条状,鸡蛋打散待用。

2 用盐、味精、胡椒粉、炸鸡粉、干生粉、鸡蛋将鸡胸脯肉腌 15 分钟(图 1)。

3 将白芝麻和黑芝麻以 2:1 的比例混合,再将腌好的鸡胸脯肉均匀地粘上芝麻(图 2)。

4 起油锅,当油温烧至约五成热时,下鸡柳养炸至熟即可(一般 1.5~2 分钟,图 3)。

5 上桌随带蓝莓酱或甜辣酱蘸食,别有一番风味。

1

2

3

拓展链接

试试镶嵌炸的紫薯黄金卷

http://www.19lou.com/forum-47-thread-32847151-1-1.html

松花蛋虎皮尖椒

熟蛋更易切，辣椒别太老
拍粉来煎蛋，不碎全靠它

“因为爱吃皮蛋又爱吃油焖尖椒，有一天我突发奇想将两者结合了起来，一尝味道还真不错。有人老抱怨皮蛋好吃蛋难切，其实告诉你一个方法就不难了：将蛋蒸或煮熟再切。还有一个方法就是在煎蛋前往蛋的切面上撒少许干生粉，这样煎出来的蛋既香又很完整，保证不会煎碎。尖椒的选择同样也很重要，千万别选得太老，老的尖椒不但很难煸透，而且也会辣得让人受不了哦。”

厨房小知识

皮蛋是我国的一种传统风味蛋制品。相传江苏吴江县有一家小茶馆，店主很会做生意，所以买卖兴隆。由于人手少，店主在应酬客人时，随手将泡过的茶叶倒在炉灰中。说来也巧，店主还养了几只鸭子，爱在炉灰堆中下蛋，主人拾蛋时，难免有遗漏。一次，店主人在清除炉灰茶叶渣时，发现了不少鸭蛋，他以为不能吃了。谁知剥开一看，里面黝黑光亮，上面还有白色的花纹，闻一闻，一种特殊的香味扑鼻而来，尝一尝，鲜滑爽口，这就是最初的皮蛋。

◆ 皮蛋（松花蛋）◆ 嫩尖椒 ◆ 生姜

调料

● 酱油 ● 蚝油 ● 白糖 ● 米醋 ● 鸡精 ● 麻油 ● 干生粉

提升厨艺

◎ 皮蛋这样煎过再烧，会不会影响口感？

当然不会了，皮蛋经过拍粉后再煎，吃起来反而会特别有嚼劲、特别香，跟生吃完全是不一样的感觉！

1 将尖椒切段，皮蛋一个切 6 块，生姜切丝(图 1)。

2 在皮蛋的切面处撒少许干生粉，下油锅煎至两面凝结，捞出待用(图 2、图 3、图 4)。

3 用蚝油、酱油、白糖(略多)、米醋(略多)、鸡精、麻油调汁。

4 原锅再加少许的油，下尖椒和姜丝一起炒至尖椒起皱(图 5)，倒入煎好的皮蛋和调好的料汁，翻炒至汤汁略收即可(图 6)。

不一样的松花豆腐

http://www.19lou.com/forum-47-thread-35259816-1-1.html

爽脆萝卜丝煎蛋

萝卜要切细，腌制要到位
土鸡蛋更香，煎蛋用中火

“做这道菜时萝卜丝要切得相对细些，否则煎不熟。腌制也要到位，一定要把萝卜丝的汁水给腌出来并挤干，否则不脆又辣。如有条件的话建议用土鸡蛋来做此菜，色泽和味道都会比普通鸡蛋要好很多。最后要告诉大家的是，要想煎好蛋，火候是关键，小火不易成型，大火则易焦。所以煎蛋最好的火候是用中小火来煎，蛋既香又不会焦。”

你问我答 提升厨艺

◎ 做这道菜看似很简单，但我尝试了之后发现煎好的蛋有好多水。

分析两个失败的原因：一是煎蛋时火太小，这样煎出来的蛋会感觉水水的，吃起来也不香；二是腌好萝卜丝后没把水分挤干，这样也会导致煎好的蛋出水。

原料

◆ 白萝卜 1 个 ◆ 鸡蛋 2 只 ◆ 韭菜少许

调料

● 盐 ● 味精 ● 胡椒粉 ● 菜油 ● 少许水淀粉

做法

1 将萝卜去皮切细丝，韭菜切小段，打开一个鸡蛋备用（图 1）。

2 萝卜丝加盐腌 10 分钟至软，并将腌出的汁水挤干待用。将韭菜段加入鸡蛋中，加盐、少许味精、胡椒粉、水淀粉后将鸡蛋打散（图 2）。

3 在平底锅中加入少量的菜油，将蛋液倒入锅中，摊成圆饼状（图 3），再将萝卜丝均匀地撒在蛋饼上，中小火煎 2 分钟左右（图 4）。

4 将鸡蛋饼翻过来，再用中小火煎 1.5~2 分钟（图 5），装盘时将有萝卜丝的一面朝上。

拓展链接

鸡蛋和香椿的质朴鲜滋味——香椿炒鸡蛋

http://www.19lou.com/forum-47-thread-11527550-399-1.html

鲜虾迷你小丸子

虾蓉要略少，肉末别太细
拌时用大劲，丸子爽又滑

“女儿挑食，不喜欢吃虾光吃肉，为了均衡营养，就想到了把这两种原料来个混搭，这样不论是营养还是口感都要好过纯的肉丸。

做这道菜要注意的是虾蓉与肉末的比例，因为这道菜以肉末为主料，虾蓉在这里只是起增鲜的作用，如果虾蓉过多会盖掉肉丸该有的鲜味。这里所用的肉末最好是用刀剁的而不是机器绞的，因为机器绞的肉末口感要比刀剁的差很多。搅拌肉末时需要顺同一个方向，否则做出来的丸子会很容易散掉，而且又没弹性。”

1

2

你问我答 提升厨艺

◎ 文中提到肉末要顺一个方向搅拌上劲，我该怎么理解“上劲”这两个字？

就搅拌肉末来说吧，先将肉末倒至略大的盆中，加一定量的盐搅拌均匀，然后再顺同一个方向继续搅拌，开始你会感觉很轻松没什么阻力，继续搅拌你会发现阻力在慢慢地变大，这时不可以歇手，得再加把劲继续搅拌，一定要到搅拌至很有阻力方可歇手。想要你做的肉丸有好的弹性，你还需要将肉末在盆里反复摔打10~20次。这时的肉末会很黏，肉末拿在手上时，哪怕手心向下时也不会往下掉，这就是所谓的“上劲”了。

原料

◆ 鲜虾仁 ◆ 虾蓉 50 克 ◆ 肉末 150 克 ◆ 小黄瓜

调料

● 盐 ● 味精 ● 料酒 ● 胡椒粉 ● 干生粉

做法

1 虾仁加盐、味精、干生粉腌10分钟待用，黄瓜切厚片。

2 将虾蓉和肉末放在一起，加盐、味精、少许料酒、干生粉顺一个方向搅拌上劲，挤成小肉圆。

3 将小肉圆温水下锅(图1)，待水烧开后关小火加盖焖3分钟即可捞出。

4 将虾仁下锅焯熟(图2)。

5 装盘时用黄瓜片垫底，肉圆摆在黄瓜片上面，旁边放虾仁。

6 原汤水加少许的盐、味精勾薄芡，淋在肉圆上即可。

苹果黑椒牛肉粒

苹果烧牛肉，酸碱能平衡
牛肉选里脊，下锅有窍门

“大家都知道牛肉、猪肉属于‘酸性食物’，而苹果则属于‘碱性食物’。所以我在选材时将两者结合，让我们吃得更健康。

做这道菜最好选牛里脊肉，口感会较嫩，其余部分的肉都不太适合制作此菜。牛肉要嫩，最好用大油锅，但一般家里不会用很大的一个油锅来烧菜，所以我建议大家把腌浆好的牛肉先入锅旺火煎，待牛肉边上略焦时再下苹果丁同炒，这样做的好处是牛肉吃起来特别香，且不油腻。”

原料

◆ 牛里脊肉 ◆ 苹果 ◆ 青、红椒

调料

● 蚝油 ● 黑胡椒粉 ● 老抽 ● 味精 ● 干生粉 ● 生抽

做法

1 将牛里脊肉切大方丁，苹果、青椒、红椒切成比牛肉略小的丁，再将苹果丁用淡盐水浸泡5分钟(图1)。

2 将牛肉丁用少许蚝油、老抽、味精、干生粉腌制20分钟。

3 在平底锅中放少量的油，将牛肉丁加入锅中炒至变色、微焦，再加入苹果丁、黑胡椒粉(图2、图3、图4)。

4 煸炒1分钟左右后下青椒、红椒丁(图5)，再加少许的生抽、蚝油炒1分钟，最后放少许老抽调色，再加少许味精即可(图6)。

1

2

3

4

5

6

你问我答 提升厨艺

◎ 为什么我买的是牛里脊，结果做出来的牛肉还是很老？

可能主要还是切法上存在一些问题。正所谓“横切牛肉，顺切鸡”，由于牛肉肌纤维较粗，因此只有横切才能切断其肌纤维，吃时才不会感觉嚼不烂。

◎ 我在菜场买了块牛里脊做炒牛柳，结果炒后发现锅里有很多水，不知是什么原因。

有些牛肉看上去特别好看、鲜嫩水灵，结果一炒后就会出现大量的水分。原因其实就是不良商贩在牛肉里注了水（俗称注水牛肉）。所以我现在买牛肉一般都会选择在正规超市购买。

豆腐松配荞麦包

既是主食又是菜

膳食平衡很重要

“荞麦是我国居民日常食用的谷物类食物中营养最丰富的粮种之一，其营养价值远远超过小麦、大米和玉米。正所谓‘药补不如食补’，所以我们也应该多吃点杂粮类的食物，在改善单一口味的同时又兼顾了膳食的营养平衡，何乐而不为呢！

由于这道菜所用的荞麦包很容易吃饱，所以这道菜既可当主食，又可以当菜。制作时也没太大的技术要求，但是原料丰富，荤素搭配合理，简单又营养。”

厨房小知识

荞麦又叫乌麦、花麦、三角麦，有甜荞和苦荞之分。荞麦在我国已有上千年的栽培历史，营养价值较高。荞麦不仅是果腹的粮食，而且还是一种祛病的良药。据古医籍记载，荞麦性甘无毒，有降气宽肠、帮助消化之功能。

原料

◆ 老豆腐 ◆ 香菇 ◆ 韭菜 ◆ 肉末 ◆ 春笋 ◆荞麦包

调料

● 蚝油 ● 老抽 ● 生抽 ● 料酒 ● 鸡精 ● 胡椒粉

做法

1 将韭菜、春笋、香菇切末备用。

2 豆腐切小丁(图 1)，入六成热(160~180℃)的油锅炸至外皮微黄，捞出滤油(图 2)。

3 将荞麦包入锅蒸熟，保温待用(图 3)。

4 将肉末、笋末、香菇末一起下锅煸炒(图 4)，炒香后再加入豆腐、料酒、蚝油、生抽小火炒 2 分钟左右(图 5)。

5 放点韭菜末、老抽、鸡精、胡椒粉即可出锅与荞麦包一起食用(图 6)。

洋葱培根煎蛋

中西合璧，口味独特
中火煎蛋，香而不焦

“这道菜是西餐的煎培根和中餐的煎鸡蛋的巧妙结合，属典型的中西合璧，成品不但口味独特，且营养丰富。煎蛋主要还是要掌握合理的火候，根据我的实际经验，中火煎蛋最好，大火煎蛋易焦，小火煎蛋则不香。而中火煎的蛋色泽金黄，芳香扑鼻。”

厨房小知识

培根又名烟肉(Bacon),是将鲜猪肉经腌、熏等工序加工而成的猪肉制品。在西式早餐中烟肉一般被认为是早餐的头盘。

你问我答 提升厨艺

◎ 为什么我煎好后蛋和原料会分开?

蛋液下锅后不要马上转动锅子,因为此时蛋没有凝固。一般要等蛋液大致凝固后方可轻轻地转动锅子,转动的同时可在锅子的边缘淋少许的油(有助于蛋和锅的分离),等到有香味出来了,蛋也完全凝固了,这时才可以将蛋翻过来煎。只要掌握了这个方法一般不会出现料与蛋相脱离的现象。

◆ 鸡蛋 2 只 ◆ 培根 ◆ 洋葱 ◆ 甜豆

● 盐 ● 料酒 ● 干生粉

1 将鸡蛋打散,加少许盐、料酒、干生粉搅拌均匀,洋葱切小粒,培根切粗丝(图 1)。

2 在平底锅中加少许的油,把洋葱和培根加入锅中炒香,再倒入甜豆同炒(图 2)。

3 将炒好的原料在锅底摊平,倒入蛋液,用中火煎蛋 1 分钟左右(图 3)。

4 将蛋饼翻过来再煎 1 分钟左右即可出锅(图 4)。

1

2

3

4

凉瓜鸡粒虾球

凉瓜来做菜，清凉又去火
鸡肉加虾球，营养更丰富

“这道菜，凉瓜是配料，鸡肉和虾仁是主料。三种原料各有各的营养，而且颜色也非常的好看，鸡肉纯白，虾球鲜红，凉瓜翠绿。有时候适当地改变一下食材的搭配，会有一种视觉和味觉上的双重惊喜。爱动手的你不妨也来试试吧！”

厨房小知识

苦瓜在港、粤一带一般称凉瓜，有降低血糖和防治癌症的作用，因此它既是一种蔬菜又是一剂良药。苦瓜的根、茎、叶、花、果实和种子可供药用，性寒，味苦，入心、脾、胃经，清暑涤热，明目解毒。我们常见的凉瓜菜有凉瓜炒蛋、凉瓜煲排骨等。

你问我答 提升厨艺

◎ 我真受不了苦瓜的苦味，请问有什么办法可以去除或减少苦瓜的苦味？

首先要尽量选择嫩的苦瓜，苦瓜越老苦味越重。注意嫩瓜颜色相对成翠绿色。其次要把苦瓜内部白色的瓜瓤去除，这也是苦味之源。最后，做菜之前将苦瓜焯水也可以去除一部分的苦味（水锅里可以加少许白糖）。只要你掌握这三点窍门，余下的“小苦”相信你也能接受了。

◆ 鸡胸脯肉 ◆ 虾仁 ◆ 苦瓜

● 盐 ● 味精 ● 干生粉 ● 水淀粉

1 将苦瓜切小片，鸡胸脯肉切大丁。再将鸡胸脯肉和虾仁分别加盐、味精、干生粉腌5分钟（图1）。

2 烧一锅水，待水开时先将鸡丁下锅焯1分钟左右捞出（图2）。

3 再将虾仁和苦瓜入锅焯半分钟左右捞出（图3）。

4 起油锅，先把鸡丁下锅炒一下（图4），再下虾仁和苦瓜同炒，最后加少量的盐和味精、水淀粉勾芡即可出锅（图5）。

1

2

3

4

5

马师傅的另一道巧妙搭配——飘香椰子南瓜饭

http://www.19lou.com/forum-47-thread-29360909-1-1.html

青瓜薯片鸡丁

青瓜炒鸡丁，本是平常菜
配以脆薯片，滋味大不同

“有的时候，做菜的原料就只有这几种，就看你怎么样去搭配了。有些搭配注重营养，有些搭配注重色彩，而我这道菜将两者都兼顾了，其独特的口感、新奇的吃法特别适合小朋友。”

你问我答 提升厨艺

◎ 我做这道菜时，鸡肉下锅后全粘在锅底了，这“粘锅”问题怎么解决？

“粘锅”是家里做菜时常遇到的问题，如果用的是普通铁锅，最好提前将锅先烧热，再用冷油润一下锅，然后再加入原料炒制。这样一般就不会再粘锅了。

◎ 做这道菜要不要勾芡，不加水原料会入味、会熟吗？

不需要勾芡，因为在腌制的时候已经加了一定量的干生粉，加热时生粉会糊化包裹在原料上，而且原料都切成了小丁，所以不必担心原料不入味和烧不熟。

◆ 小黄瓜 ◆ 鸡胸脯肉 ◆ 薯片

● 黑胡椒粉 ● 盐 ● 蚝油 ● 老抽 ● 味精 ● 干生粉

1 黄瓜和鸡胸脯肉分别切小丁。鸡胸脯肉加黑胡椒粉、盐、蚝油、老抽、干生粉上浆(图 1)。

2 将鸡丁下锅，用中大火煸炒至变色(图 2)，再加入黄瓜丁同炒(图 3)。

3 一般炒 2~3 分钟就可以加味精了，中途切记不要加水(如火太大可改小火炒)。吃时与薯片一起搭配，别有一番风味。

1

2

3

豉油干烧芝麻蟹

干烧加豉油，蟹肉很入味
拍粉再煎制，鲜汁不外漏

“我们平时烧蟹，最常见的是清蒸，其次是与姜、葱同炒。我这里做的则是另外一种风味：用干烧的烹饪方法将蒸鱼豉油的鲜味完全融入到蟹里面，两者的鲜味相结合，那滋味不用我多说了！烧制这道菜前，千万不要忘记在螃蟹的刀切面上拍一层干生粉，这样可以保持蟹肉的汁水不外漏，使其饱满多汁。”

厨房小知识

螃蟹死后其体内的细菌会繁殖并扩散到蟹肉内。在弱酸的条件下，细菌会使蟹体内的氨基酸转化为组胺和类组胺物质。螃蟹死的时间越久，这些物质就越多，人吃后会出现呕吐、腹痛、腹泻等中毒症状，对身体造成伤害。

你问我答 提升厨艺

◎ 有次我不小心被蟹钳到了，请问马师傅有何防蟹钳的绝招？

一般海蟹买回来都会有绳子绑着，先不要急于将其松绑，准备一根筷子或剪刀，将蟹翻过来，找到肚脐的盖子(雌蟹为半圆形，公蟹呈三角形)，将筷子插入蟹脐的顶端中心处(可参考图1)，片刻蟹就会死去。这时你可以放心地解开绳子，将蟹清净、烹制。

原料

◆ 沙蟹(或梭子蟹) ◆ 生姜 ◆ 小葱

调料

● 蒸鱼豉油 ● 白葡萄酒 ● 胡椒粉
● 味精 ● 干生粉

做法

1 用竹筷在蟹的肚脐顶端戳一下，再将每只蟹对剖为二(图1)。

2 在蟹的刀切面处撒上一层干生粉，将生姜切片，小葱切段(图2)。

3 起油锅，把蟹块、姜片下锅用中大火煎，两面各煎1分钟左右(图3)。

4 加少许的水、蒸鱼豉油，改小火加锅盖焖2分钟左右(图4)。

5 待蟹完全熟透后加味精、胡椒粉、白葡萄酒、葱段翻炒一下就可以出锅了(图5)。

1

2

3

4

5

桂花蒸钱江鲻鱼

鲻鱼吃鲜味，桂花闻清香

烹饪啥法好，清蒸最适宜

“鲻鱼肉细嫩，味鲜美，刺极少，尤其适合小孩食用。因为鲻鱼和桂花都属于清雅型的原料，所以我们在选择烹饪方法上也要谨慎，重口味的烹饪方法肯定不行，所以我选择了清蒸法来制作，因为只有清蒸才能够将两者的鲜味和香味完完全全地给体现出来。”

你问我答 提升厨艺

◎ **为什么鱼块要先用啤酒浸泡?**

啤酒浸泡的第一个好处是可以有效地去腥;第二个好处是啤酒有一股特殊的麦芽香味,可以增香。

◎ **为什么你在腌鱼时要加点干淀粉?**

生粉遇热会糊化,会很好地包住鱼肉的切面,防止鱼肉的水分外流,蒸出来的鱼肉会特别嫩滑、饱满。

1

2

3

4

原料

◆ 鲻鱼 ◆ 火腿 ◆ 桂花干 ◆ 生姜 ◆ 小葱

调料

● 盐 ● 味精 ● 干生粉 ● 啤酒

做法

1 鲻鱼切厚片,加啤酒浸泡 5 分钟。火腿、生姜分别切片,小葱切末,桂花干用开水泡开待用。

2 泡好的鱼块加盐、味精、干生粉腌 10 分钟(图 1)。

3 将鱼摆入盘, 上面放上姜片和火腿片,浇上少许桂花水(图 2)。

4 将鱼上锅用旺火蒸 3 分钟(图 3)。

5 掀开锅盖,撒少许的葱末和桂花,再盖上锅盖焖半分钟即可(图 4)。

拓展链接

鲻鱼还可以这么烧——XO 酱蒸鲻鱼

http://www.19lou.com/forum-47-thread-11527550-281-1.html

脆皮香炸鸡翅

鸡翅脆不脆，调糊很关键
火候用得好，鸡翅不油腻

“小孩子都说肯德基的鸡翅好吃，但很多人不会做，我也是摸索了很多次才想到这种调糊的方法。用纯的炸鸡粉炸出来的鸡翅，外皮不脆；用纯生粉加鸡蛋炸出来的鸡翅则不香。有次刚好家里炸鸡粉不够，我加了点生粉和鸡蛋一起炸，结果无心插柳柳成荫。”

你问我答 提升厨艺

◎ 请问怎么样才可看出鸡翅炸熟了？

一般可根据炸的时间，通常鸡翅炸 5~6 分钟即可。另外，炸熟的鸡翅会上浮，用筷子翻动会有种脆脆的感觉。

1

2

3

4

原料

◆ 鸡翅中 ◆ 鸡蛋

调料

● 炸鸡粉 ● 干生粉 ● 盐 ● 味精

做法

1 用牙签在鸡翅上戳几个小洞，便于其入味，再加盐、味精腌 5 分钟。

2 将鸡蛋打散，拌入炸鸡粉和干生粉（比例为 1:1），再加少许水调成糊，注意不可太稀。

3 将鸡翅均匀地裹上糊，腌制 15 分钟左右（图 1）。

4 起大油锅，待油温升至六成左右热时下鸡翅炸约 1 分钟（图 2）。

5 待面糊结壳时改小火养炸（图 3）。

6 3~4 分钟后再用中大火将鸡翅炸至外皮发脆即可捞出（图 4）。

第五篇 Fifth 营养炖汤

原料

◆ 250 克左右鲫鱼 1 条 ◆ 蛤蜊（文蛤或花蛤）◆ 生姜 ◆ 小葱

调料

● 盐 ● 猪油 ● 鸡精 ● 胡椒粉

蛤蜊生姜鲫鱼汤

鲫鱼汤味醇，蛤蜊肉鲜美
常喝健体魄，食补胜药补

“这道菜可是杭州 36 道老名菜之一，但近年来不知什么原因，这道菜好像有点被大家遗忘了。其实这真是一道很不错的汤菜，鱼汤非常醇厚，蛤肉鲜嫩无比，希望通过我的介绍，大家会对这道菜有更深的了解并喜欢上它。”

你问我答 提升厨艺

◎ **怎样辨别野生鲫鱼？**

野生鲫鱼一般背部呈浅青色，鳞片亮白而有金属光泽，体形扁平而细长，多呈浅金黄色，头部较圆、偏小，嘴巴比较短。野生鲫鱼大小不一，不会像养殖的那样大小均匀。而养殖的鲫鱼背部颜色通常呈黑青色，个头偏大。

◎ **为什么我煎鱼时老把鱼皮煎破？**

要想煎鱼时皮不破，以下两点要牢记：一是煎鱼前鱼皮要擦干或晾干，二是鱼下锅时火要大，油温要略高。

厨房小知识

经常食用鲫鱼，可健脾利湿、和中开胃、活血通络、温中下气。民间常给产后妇女炖食鲫鱼汤，既可以补虚，又可以通乳催奶。

做法

1 将鲫鱼宰杀后洗净，在两侧背部厚肉处各切几刀，用少许盐在刀口处抹一下。将生姜切细丝，小葱切段（图 1）。

2 将蛤蜊入锅焯水，待壳张开后捞出待用（图 2）。

3 将锅烧热，下少许猪油，再将鱼下锅煎至两面微黄（图 3）。

4 加生姜丝，倒入约 700 毫升开水，大火煮沸后撇去血沫，加盖中火煮 5~6 分钟（图 4）。

5 加蛤蜊、盐、鸡精、胡椒粉，最后再放入葱段即可（图 5）。

1

2

3

4

5

奶汤鱼头炖豆腐

食肉不如食鱼，食鱼贵在鱼头
鱼汤增强记忆，鱼肉滋养容颜

“说起鱼头大家肯定会想起早几年非常流行的湘菜——剁椒鱼头。我也很喜欢吃，红红的剁椒、鲜嫩的鱼肉，很能激发食欲。但此菜只适合爱吃辣的年轻人，像一些不吃辣的小孩和老年人，或者是怕吃辣影响皮肤的爱美女士，都会对这道菜敬而远之。我在这里向大家推荐这道奶汤鱼头炖豆腐，同样是鱼头，但却是不一样的风味哦。”

原料

◆ 大鱼头 ◆ 嫩豆腐 ◆ 生姜 ◆ 小葱

调料

● 盐 ● 猪油 ● 鲜牛奶 ● 鸡精 ● 胡椒粉

你问我答 提升厨艺

◎ **马师傅，为什么我做的鱼汤很腥？**

做鱼头汤最好是选富含胶质的胖头鱼的鱼头，而且要买活鱼现杀。鱼的黑膜、鱼鳃、牙齿都是腥味之源，清洗时都要将其去除。

◎ **怎么样才能做出又白又浓的鱼汤？**

煎鱼时最好用少许的猪油，一定要开水下锅后加锅盖煮。另外，煮汤火要旺，中途不要加水，盐一定要等汤煮白了才加。

厨房小知识

鱼头肉质细嫩，除了含蛋白质、钙、磷、铁、维生素 B1 之外，还含有卵磷脂，可增强记忆、思维和分析能力，使人变得更聪明。鱼头含丰富的不饱和脂肪酸，它对人脑的发育尤为重要，可使大脑细胞异常活跃，使推理、判断的能力极大增强。因此，常吃鱼头不仅可以健脑，而且还可延缓脑力衰退。

1 将生姜切片，大鱼头斩块后用清水浸泡出血水，再加少许盐腌制片刻(图 1)。

2 将豆腐切方块焯水(图 2)。

3 将锅烧热，下少许猪油，待猪油融化后放入姜片(图 3)。

4 将鱼头用纸巾擦干，下锅旺火略煎(图 4)。

5 倒入 700 毫升左右的开水，用中大火加锅盖煮 5 分钟(图 5)。

6 加豆腐块、姜片、盐、鸡精改小火煮 2 分钟左右，最后放入胡椒粉即可(如果想要汤汁更白更有奶香味，可加点鲜牛奶，图 6)。

鱼头还可以这样吃——农家铁锅鱼头

http://www.19lou.com/forum-47-thread-28663632-1-1.html

咸肉笋干炖鳝鱼

若要鳝鱼味鲜美，笋干咸肉不可少
鳝鱼需现烹现杀，死鳝千万尝不得

“鳝鱼，一般大家常用的烹饪方法是红烧，其实鳝鱼配以咸肉和来自临安的天目笋干同炖，味道更是非同一般。吃厌红烧鳝鱼的你，是不是该改变一下烧法了呢？同样的主料，不一样的配料，更健康更简单的烹饪方法，有时小小的改变会带来意想不到的惊喜。”

你问我答 提升厨艺

◎ 鳝鱼外面的黏液该怎么样去除？

如果是做炖汤，可将鳝鱼入沸水锅焯一下，这时鳝鱼的表皮会有白色的膜出现，捞出入冷水过凉，再把外面的这层膜去除即可。如果要做红烧鳝段，可将宰杀后的鳝鱼用干面粉搓洗，最后再用清水冲洗干净。

◆ 鳝鱼 3 条 ◆ 咸肉一小块 ◆ 天目野笋干 ◆ 生姜 ◆ 小葱

● 盐 ● 鸡精 ● 胡椒粉 ● 啤酒

1 将笋干用凉水泡涨撕成小条后切段，咸肉切小块，生姜切片，葱切段。鳝鱼宰杀后洗净切段，在鱼背上切花刀（图 1）。

2 将鳝段入沸水锅焯水，捞出洗去外面的黏膜（图 2）。

3 起个小油锅，将咸肉、笋干下锅煸炒 1 分钟（图 3）。

4 加一小碗水、半小碗啤酒烧 3 分钟（图 4）。

5 下鳝鱼段，加锅盖，视鳝鱼的大小用中小火炖 6~8 分钟（图 5）。

6 根据咸淡再加少许盐，最后下鸡精、胡椒粉、葱段。吃时装入烧热的煲，味道会更好。

营养山药炖排骨

山药酥糯可口，汤汁鲜香诱人
排骨玉米先炖，山药则要后放

“山药炖汤一般我们希望山药有相对酥的口感，煮约 20 分钟左右即可达到这样的口感。如果和荤料同炖，则要将荤料先炖至半酥再放入山药，否则山药会因炖得过久而烂掉。”

◎ 为什么我买回来的山药，去皮后山药的肉总是黑的？

山药存放过久或外皮有过挤压，都会使里面的肉发黑，所以不要长期存放山药。在切山药时最好用不锈钢的刀具，因为铁制刀具和山药会有氧化反应，导致切好的山药发黑。另外，将切好的山药放盐水中浸泡，也是一种防氧化的好办法。

◎ 山药就是药店里买的“淮山片”吗？

山药、淮山其实就是一种东西，山药是这种药材新鲜时的名称，而山药的干制品我们一般称淮山片。干制的淮山片一般药效价值要比新鲜的山药相对高些。

做法

1 将排骨斩块，玉米切小段，山药去皮、切块后用凉水浸泡（图 1）。

2 将排骨焯水后放入汤煲中，加水至没过排骨，再放入玉米一起炖 15 分钟（图 2）。

3 加入山药、盐、鸡粉，用小火炖 20 分钟（图 3）。

4 最后加入枸杞子、小葱、胡椒粉就可以慢慢享用了。

1

2

3

原料
◆ 排骨 ◆ 糯嫩玉米 ◆ 山药 ◆ 葱
◆ 枸杞子
调料
● 盐 ● 鸡粉或鸡精 ● 胡椒粉

火腿枸杞炖鸡汤

鸡汤好喝易吸收，喝汤别忘将肉吃
补身健体讲科学，适合自己最重要

“鸡汤向来都是一种滋补炖品，非常适合体质虚弱的人或小孩食用，因为相对来说鸡汤里的营养物质他们更易吸收。鸡肉的蛋白质主要在肌肉中，不易完全溶解于水中。所以我们平时喝鸡汤时千万不可将鸡肉丢弃。

鸡汤虽然好喝，但也不是人人都适合，除了含有水溶性营养物质外，鸡汤里嘌呤的含量也很大，常喝鸡汤对于患有心血管疾病、肾功能不全、胃酸过多和痛风的人控制病情是不利的。”

你问我答 提升厨艺

◎ 老母鸡、当年母鸡、公鸡，哪种更适合炖汤？

老母鸡的营养价值比较高，所以很多人用其熬汤，但我喜欢选1年左右的放养鸡。因为两年以上的鸡肉质太老，不好吃，当年母鸡则肉质鲜嫩而富有咬劲，而且放养的鸡皮特别薄，脂肪含量少。公鸡肉质相对松散、鲜嫩，不适合炖汤，应该旺火速炒以保持其鲜嫩，也可制作成盐水鸡、腌鸡。

原料

◆ 放养1年的母鸡1只 ◆ 火腿少许 ◆ 枸杞子 ◆ 小菜心 ◆ 生姜

● 盐

1 将鸡切大块，用盐腌5分钟，焯水后洗净待用。将枸杞子用温水泡涨，火腿、生姜分别切片（图1）。

2 将鸡块焯水后放入炖锅，加火腿、姜片，然后加水至与鸡肉齐平（图2）。

3 大火烧开后，改小火炖，视鸡的老嫩炖40~60分钟（图3）。

4 最后放入枸杞子、盐、菜心，再用小火炖5分钟即可（图4）。

冰糖炖血燕

若要涨率高，浸泡是关键
使用隔水炖，汤汁更醇厚

“燕窝是高级的补品，现在越来越多的人喜欢在家自己炖煮燕窝，但关于燕窝的炖煮方法还是不太明白。其实也不太难，一般要注意以下两点：一是买来的燕窝要先用矿泉水浸泡一个晚上，这样才能让燕窝完全涨开，便于清理其中的杂质。二是燕窝一定要隔水炖，这样才能更好地保留燕窝的营养成分。”

◆ 冰糖 ◆ 血燕

1 将血燕放入干净无油污的器皿中（可以用乐扣保鲜盒），加矿泉水至没过燕窝，入冰箱冷藏浸泡一晚。

2 将涨开的燕窝撕成小条状，清除细毛、杂质（图 1）。

3 将水倒入不锈钢锅中烧开，下燕窝煮 2~3 分钟（图 2）。

4 捞出燕窝（图 3），将其放入炖盅内，加少许冰糖和少量矿泉水（图 4）。

5 隔水炖 10 分钟左右（图 5）。

厨房小知识

血燕与白燕的区别：

● 血燕受生长环境和水质的影响，形成后会逐渐氧化变成红色。相比于白燕，血燕所含的矿物质要丰富一些，钠、镁、铜、磷、钾等含量稍高。但其实血燕的质量、香气和营养成分和白燕相比各有千秋，只是最近几年，血燕越来越受到人们的推崇，所以才变得名贵起来。现在有些商家告诉顾客血燕补血，其实是根本没有科学依据的。血燕产量低，现在市面上的血燕大多为人工上色的官燕，真假难辨。没有足够的鉴别能力，不建议购买。

● 白燕也叫官燕。富含胶原蛋白，有益女性健康。相比于血燕，白燕更易于吸收，口感更好，发制、炖制更方便。在古代，白燕比血燕更贵重，是朝廷贡品。

图书在版编目(CIP)数据

我的食尚主义. 每食·美刻/马宁著. —杭州：浙江科学技术出版社，2011.8
ISBN 978-7-5341-4086-0

Ⅰ. ①我… Ⅱ. ①马… Ⅲ. ①菜谱 Ⅳ. ①TS972.12

中国版本图书馆CIP数据核字(2011)第076847号

丛 书 名	我的食尚主义
书　　名	**每食·美刻**
著　　者	马　宁

出版发行	浙江科学技术出版社 杭州市体育场路347号　邮政编码：310006 联系电话：0571-85170300-61717 E-mail：sd@zkpress.com
排　　版	杭州大漠照排印刷有限公司
印　　刷	杭州下城教育印刷有限公司

开　　本	787×1092　1/16	**印　张**	8.25
字　　数	120 000		
版　　次	2011年8月第1版　　2011年8月第1次印刷		
书　　号	ISBN 978-7-5341-4086-0	**定　价**	29.80元

责任编辑　宋　东　王巧玲　　**责任美编**　孙　菁
责任校对　张　宁　　**责任印务**　徐忠雷